高等职业技术教育"十二五"规划教材

Web 程序设计——ASP

主　编　罗　粮　唐世毅

副主编　朱儒明

参　编　张　望　梅青平　颜　琦

西南交通大学出版社

·成　都·

图书在版编目（ＣＩＰ）数据

Web 程序设计：ASP / 罗粮，唐世毅主编. —成都：
西南交通大学出版社，2014.2
高等职业技术教育"十二五"规划教材
ISBN 978-7-5643-2892-4

Ⅰ. ①W… Ⅱ. ①罗… ②唐… Ⅲ. ①网页制作工具－
程序设计－高等职业教育－教材 Ⅳ. ①TP393.092

中国版本图书馆 CIP 数据核字（2014）第 022687 号

高等职业技术教育"十二五"规划教材
Web 程序设计——ASP
主编　罗　粮　唐世毅

责 任 编 辑	张　波
助 理 编 辑	宋彦博
特 邀 编 辑	黄庆斌
封 面 设 计	墨创文化
出 版 发 行	西南交通大学出版社
	（四川省成都市金牛区交大路 146 号）
发 行 部 电 话	028-87600564　028-87600533
邮 政 编 码	610031
网　　　址	http: //press.swjtu.edu.cn
印　　　刷	四川五洲彩印有限责任公司
成 品 尺 寸	185 mm × 260 mm
印　　　张	10.75
字　　　数	269 千字
版　　　次	2014 年 2 月第 1 版
印　　　次	2014 年 2 月第 1 次
书　　　号	ISBN 978-7-5643-2892-4
定　　　价	22.00 元

前　言

计算机程序设计类专业课程强调实践性。国内高校的计算机专业教育已踏上了新台阶，步入了一个新的发展阶段，因此对学生的实践能力和实作技能提出了更高要求。为此，本书本着《国务院关于大力发展职业教育的决定》精神，根据高技能型人才培养特点和规律编写而成，是中央财政支持高等职业学校专业建设成果。

随着 Internet 的发展，Web 网站和应用已经日益普及于各行各业和各个领域，其开发技术有 ASP 等。ASP 严格地说是一种框架平台，与传统的表态网页有着本质区别，它把脚本语言、HTML、组件和数据库访问功能集合在一起，形成在服务器端运行的 Web 应用程序，从而动态地、交互式地为用户提供服务，能够满足人们对网络信息不同的需求。

本书编者长期从事计算机专业课程的教学工作和计算机类相关科研工作，有着丰富的教学科研经验。为了理论联系实践，达到良好的教学效果，编者精选了实验例题和实用案例，并与各章相呼应，以方便教师有计划、有目的地安排学生上机操作，从而达到事半功倍的效果。本书在编写时强调理论与实践紧密结合，注重实用性和可操作性；案例选取注意从读者日常学习和工作的需要出发；文字叙述深入浅出、通俗易懂。本书可作为高校相关专业的教材，也可供 Web 开发人员参考。为方便老师教学，本书配有电子教案及源代码，有需要的老师请到西南交通大学出版社网站下载或 Email：420930692@qq.com。

全书共分为 9 章，主要内容包括：第 1 章介绍了 Web 程序开发的基本知识、基本概念和 ASP 运行环境的配置；第 2、3 章分别介绍了 HTML 语言基础和 VBScript 脚本语言，以便为后续章节做好知识铺垫和准备；第 4 章介绍了 ASP 内置对象，通过典型案例说明了如何获取客户端输入，如何向客户端输出，如何记录及存储特定客户信息等；第 5 章介绍了文件存取组件、内置组件和第三方组件的应用；第 6、7 章介绍了如何用 ASP 开发数据库程序，其中第 6 章主要做 SQL 等数据库基础知识的铺垫，第 7 章重点介绍了运用 ADO 组件存取数据库的方法；第 8、9 章给出了 3 个典型案例，使学生能在综合应用中掌握 Web 开发技巧。

全书由重庆城市管理职业学院罗粮、唐世毅担任主编，并负责全书的总体策划、统稿、定稿工作，由朱儒明、张望、梅青平、颜琦参编。编写分工如下：第 1、4、5、7、8 章由罗粮编写，第 3、9 章由唐世毅编写，第 2、6 章由朱儒明编写，张望、梅青平、颜琦参与了部分编写、校对和统稿工作。

本书在编写过程中，参考了大量文献技术资料，在此向这些文献资料的作者深表感谢。由于编者水平所限，加之时间仓促，因此书中难免存在不妥和错误之处，敬请各位专家、读者批评指正。

编　者

2013 年 10 月

目　录

第 1 章　Web 程序开发概述

本章重点

● ASP 动态网页的工作原理

● IIS 的安装与配置

● ASP 程序的结构和运行方法

1.1　Web 开发的历史

WWW（World Wide Web）又称万维网，是一种基于超级链接技术的分布式超媒体系统，是对超文本系统的扩充。

超媒体与超文本：超文本文档仅包含文本信息，超媒体文档还可包含诸如图形、图像、音频、视频等其他表示方式的信息。

在 Web 系统中，信息的表示和传送一般使用 HTML（Hyper Text Markup Language，超文本标记语言）格式。

Web 系统具有极强的超级链接能力，使位于不同网络位置的文件之间建立了联系，为用户提供了一种交叉式（而非线性）的访问资源的方式。

1.1.1　Web 开发产生背景

自从 WWW 发明以后，Internet 迅速进入了千家万户，成为人们学习、工作、交流、娱乐的一个非常重要的手段。

最初的 WWW 网页主要用来呈现一些静态信息，如单位简介、学习资源等，一般通过超文本标记语言 HTML（Hyper Text Markup Language）来实现。人们可以通过在网页上放置各种 HTML 标记以实现文本、图像、超链接、表格等。尽管 HTML 非常简单实用，但不方便更新，于是动态网络程序设计语言就应运而生了。

1.1.2　Web 工作原理

1. 客户端与服务器端

为了理解 Web 的工作原理，大家首先需要了解什么是服务器端、客户端？一般来说，凡是提供服务的一方称为服务器端，而接受服务的一方称为客户端。

比如，大家用自己的计算机访问网易主页时，自己的计算机就是客户端，网易主页所在的服务器就是服务器端，如图 1.1 所示。

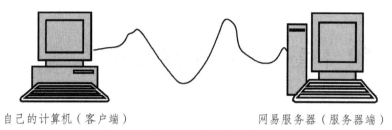

自己的计算机（客户端）   网易服务器（服务器端）

图 1.1   客户端和服务器端示意图

在大家后面的学习过程中，Web 应用程序的客户端通常简化为浏览器（Browser），因此这种程序机制又被称为浏览器/服务器（Browser/Server，B/S）模式。

2. 静态网页

所谓静态网页，就是指该网页文件里并没有需要在服务器端执行的程序代码，这种网页的扩展名一般是.htm 或.html，里面只有 HTML 标记或者部分客户端脚本。

静态网页的执行原理如图 1.2 所示。

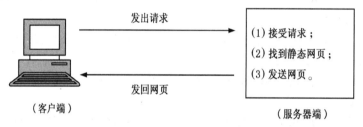

发出请求

(1) 接受请求；
(2) 找到静态网页；
(3) 发送网页。

发回网页

（客户端）   （服务器端）

图 1.2   静态网页原理

由图 1.2 可以看出，服务器接受客户端请求后，直接找到所请求的静态网页，然后发送给客户端，并没有在服务器上执行程序代码。

3. 动态网页

所谓动态网页，就是说该网页文件不仅含有 HTML 标记，而且含有要在服务器端执行的程序代码，这种网页的扩展名一般根据不同的程序设计语言而不同，如 ASP 文件的扩展名为.asp。

动态网页的执行原理如图 1.3 所示。

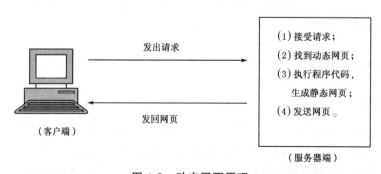

发出请求

(1) 接受请求；
(2) 找到动态网页；
(3) 执行程序代码，
    生成静态网页；
(4) 发送网页。

发回网页

（客户端）   （服务器端）

图 1.3   动态网页原理

由图 1.3 可以看出，在服务器端，需要先找到动态网页，执行页面中的程序代码，然后把执行后的结果（也就是静态网页），发送给客户端。

1.1.3　主流 Web 开发技术

在目前一段时间内，Web 程序开发技术主要有三类：ASP、JSP、PHP，下面分别介绍。

1. ASP

Microsoft® Active Server Pages（ASP）是服务器端脚本编写环境，使用它可以创建和运行动态、交互的 Web 服务器应用程序。使用 ASP 可以组合 HTML 页、脚本命令和 ActiveX 组件以创建交互的 Web 页和基于 Web 的功能强大的应用程序。ASP 应用程序很容易开发和修改。ASP 特点是将 VBscript 或 JavaScript 嵌入到 HTML 中，是微软公司推出的一种简单易学的 Web 程序设计语言。

2. JSP

Java Server Pages（JSP）是由 SUN 公司提出的一种可跨平台使用的网页技术，其特点是将 Java 程序片段（Scriptlet）和 JSP 标记嵌入普通的 HTML 文档中，从而形成 JSP 文件（*.jsp）。用 JSP 开发的 Web 应用是跨平台的，既能在 Linux 下运行，也能在其他操作系统上运行。

JSP 可以跨平台，功能强大，而且可以使用成熟的 JAVA BEANS 组件来实现复杂的商务功能。但其运行环境配置比较复杂，学习曲线也更陡一些。

3. PHP

PHP 是一种免费的开源软件，其特点也是将脚本描述语言嵌入 HTML 文档中，它大量采用了 C、Java 和 Perl 语言的语法，并加入了各种 PHP 自己的特征。它可以比 CGI 或者 Perl 更快速地执行动态网页。用 PHP 做出的动态页面与其他的编程语言相比，PHP 是将程序嵌入 HTML 文档中执行，因此执行效率比完全生成 HTML 标记的 CGI 要高许多；PHP 还可以执行编译后代码，编译可以达到加密和优化代码运行，使代码运行更快。

PHP 是免费开源的，文档和源代码都可免费复制和传播，因此也受到很多网站开发者的青睐。它的缺点与 JSP 一样，其运行环境的安装配置比较复杂，学习难度相对 ASP 可能稍大一些。

1.2　ASP 运行环境搭建

为了正确运行 ASP 程序，服务器端需要安装如下软件：

（1）Windows 98 或 Windows 2000 Professional 或 Windows 2000 Server 或 Windows 2000 Advance Server 或 Windows XP Professional 或更高版本，其中 Windows 2000 系列需要安装 Service Pack 2.0；

（2）IIS 5.0（Internet 信息服务管理器 5.0）或更高版本。如果是 Windows 98，需要安装 PWS 4.0（个人 Web 服务管理器 4.0）。这里需要说明的是：5.0 适用于 Windows 2000 Server，5.1 适用于 XP 系统。

客户端只要是普通的浏览器即可，如 Internet Explorer 6.0 或更高版本，或其他类型浏览器。

对于普通学习者，为了便于学习和调试，可以将自己的计算机安装好 IIS 后当做服务器，这样自己的计算机其实既是客户端又是服务器。

1.2.1 IIS 的安装

如果是 Server 版的 Windows 系统，一般已经安装了 IIS。如果是 XP 版或 Win7 操作系统，在安装操作系统时没有特别选择，则需要重新安装，下面以 Windows XP Professional 系统为例演示安装 IIS 的方法。

先下载 IIS 5 的安装包，解压到某个目录下，里面的 I386 目录就是用户在安装中将要选择的路径，然后选择"开始"/"控制面板"/"添加/删除程序"命令，在"添加/删除程序"对话框中选择"添加/删除 Windows 组件"按钮，弹出"Windows 组件向导"对话框，如图 1.4 所示。在其中选择"Internet 信息服务（IIS）"，然后单击"下一步"按钮，随后根据提示一步步安装即可。

图 1.4   IIS 安装示意图

1.2.2 创建虚拟目录

虚拟目录并不是真实存在的目录，但虚拟目录与真实存在于服务器端的物理目录之间有一种映射关系。大家通过浏览器地址栏里面看到的目录结构，就是虚拟目录，而虚拟目录对应的实际物理存储位置可以是服务器端的目录，甚至网络上的 URL 地址。

下面介绍虚拟目录的创建方法。首先选择"开始"/"控制面板"/"管理工具"/"Internet 信息服务"，打开如图 1.5 所示的"Internet 信息服务"窗口。在"默认网站"上点鼠标右键，在弹出菜单中选择"新建"/"虚拟目录"，然后按照提示一步步进行，比如在图 1.6 处添加别名"temp"，这个 temp 就是出现在浏览器地址栏的虚拟目录的名称；再在图 1.7 中选择该别名对应的文件夹，例如"d:\webapp"，这个 webapp 就是虚拟目录对应的实际物理目录。

图 1.5 　"Internet 信息服务"窗口

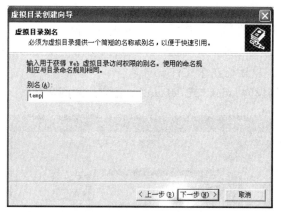

图 1.6 　添加别名"temp"

图 1.7 　选择虚拟目录对应的物理目录

注意：如果在 NTFS 文件格式的分区上设置虚拟目录，还有第二种方法，就是选中要设为虚拟目录的文件夹，单击右键，选择"属性"，然后选中"Web 共享"标签，按其界面上的提示也可以设好虚拟目录。

1.2.3　IIS 的配置

1. 设置网站属性

在"默认网站"上单击右键，选择"属性"，或者点击工具栏上的属性图标，在弹出的网站属性窗口可以设置网站的常见属性。其中"IP 地址"可以设定网站只响应的 IP 地址，如果选择"全部未分配"，即不指定 IP，就会响应所有指定到该计算机的 Web 访问。此外该"网站"选项卡还可以设定连接数量、超时时间以及日志记录等。

在"主目录"选项卡可以设置网站的主目录，主目录是存放网站根目录文件的场所。IIS 5.1 默认把主目录设在 C:\Inetpub\wwwroot 下，在开始时如果没有设置虚拟目录，可以把自己文件放在这个目录下，就可以运行自己的 ASP 程序了。

2. 设置默认文档

默认文档可以设定网站的默认"首页"，比如输入"http://localhost/ temp"这个网址，但并没有输入具体的网页的文件名，系统就会按照默认文档里设置的顺序从上往下查找，直到找到第一个存在的文件，就运行这个文件。

通常习惯把默认文档设为 index.*或 default.*，把它作为网站首页。设置方法如图 1.8 所示。

图 1.8　设置默认文档

1.3　第一个 ASP 程序

现在就可以开始做第一个 ASP 文件了。按照前面所述方法，我们建好一个别名为 temp 的虚拟目录，并把第一个例子放在这个 temp 文件夹下，取名为 1-1.asp。

1.3.1　ASP 开发工具

用什么工具来开发 ASP 程序呢？其实有很多工具可以使用，最简单的就是记事本，此外还有 FrontPgae、Microsoft Visual InterDev 等。

本书使用 Dreamweaver，它可以将脚本代码与 HTML 语言用不同颜色显示，并有代码提示功能，因此方便用户编写复杂的程序。还可以在 Dreamweaver 里建立好站点，这样就可以很方便地直接预览自己编写的 ASP 文件的运行效果了。

1.3.2　建立 ASP 文件

选择 Dreamweaver 里的"文件"/"新建"，弹出新建文档对话框，如图 1.9 所示。选择"动态页"/"ASP VBScript"。

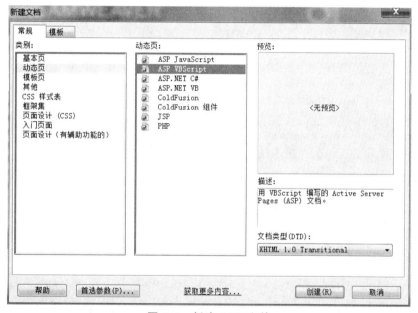

图 1.9　新建 ASP 文件

然后建立如下程序并保存为 1-1.asp。

例 1.1：

```
<html>
<head>
</head>
<body>
    <h1 align="center">第一个 asp 页面</h1>
<font size=7 color=red>
    <%
        Response.Write  "hello  world!!! "      '在页面上输出变量字符串的值
    %>
```

```
</font>
</body>
</html>
```

在浏览器地址栏输入 http://localhost/temp/1-1.asp，回车后就可以预览程序运行结果了，如图 1.10 所示。

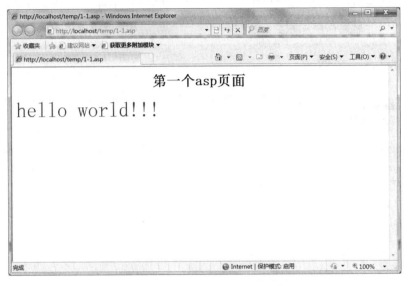

图 1.10　程序 1-1.asp 运行结果

简单修改一下例 1.1，把它另存为 1-2.asp。

例 1.2：

```
<html>
<head>
</head>
<body>
    <h1 align="center">第一个 asp 页面</h1>
<font size=7 color=red>
    <%
        Response.Write "hello world!!!"&<br>        '在页面上输出变量字符串的值并换行
        Response.Write  "您的来访日期是"&date ( ) &<br>   'date 是系统日期函数
        Response.Write  "您的访问时间是"&time ( )        'time 是系统时间函数
    %>
</font>
</body>
</html>
```

在浏览器地址栏输入 http://localhost/temp/1-2.asp，回车后就可以预览程序运行结果，如图 1.11 所示。

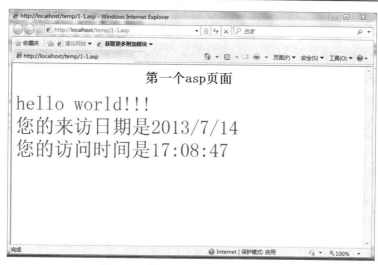

图 1.11   程序 1-2.asp 运行结果

1.3.3 ASP 文件的基本组成

由上面的例子大家可以看出，一个简单的 ASP 文件包含两部分：

（1）服务器的代码，就是用<% … %>括起来的代码。

（2）html 的代码，也就是静态网页中 html 标签的内容。

此外，还可以有 CSS 层叠式列表，客户端的脚本等，这在后面的学习中大家慢慢会接触到。

ASP 默认使用 VBScript 语言，如果用户想更换，可在文件开头加如下语句：

```
<%@LANGUAGE="JAVASCRIPT" %>
```

或   `<%@LANGUAGE="VBSCRIPT" %>`

1.3.4 ASP 文件的约定和注意事项

（1）与 C 系列语言不同的是语句结束没有"；"，一条 ASP 语句就是一行，因此不要随意换行。当一行写不下时，可用"_"作为连接符连接两行。

（2）在 ASP 程序中，字母不区分大小写。

（3）在 ASP 中，凡是在语法中用到标点符号的，都是在英文状态下输入的标点符号，否则将会出错。只有一种情况除外，就是在字符串内使用的标点符号。

（4）要养成良好的编码风格，采用恰当的缩进格式。

小　结

本章重点在于 ASP 运行环境的搭建，即 IIS 的安装配置、虚拟目录的创建等。同时通过简单的 ASP 程序，让大家理解动态网页的工作原理，以便为后续的章节打下基础。

习 题

一、理论题

1. 静态网页的工作原理及特点。

2. 动态网页的工作原理及特点。

3. 动态网页与静态网页工作原理的区别。

4. 比较 ASP，PHP，JSP 各自的优缺点。

5. ASP 文件的基本结构。

6. 如何搭建 ASP 运行的 Web 服务器。

二、实验题

1. 在硬盘上建立一个文件夹，把自己完成的静态及动态网页都放在里面。

2. 搭建好 ASP 运行环境，创建虚拟目录 webtemp，将此虚拟目录对应自己在硬盘上创建的文件夹。

3. 建立静态网页 first.htm，自行设计，显示个人主页的内容。

4. 建立动态网页 first.asp，用不同字体显示来访时间和日期（会用到 time 和 date 函数）。

5. 设置虚拟目录 webtemp 的默认文档，在浏览器里运行 http:// localhost/webtemp，在浏览器观察验证运行结果。

第 2 章　HTML 基础

本章重点
- HTML 常用标记及标记的属性
- HTML 表单的应用
- HTML 框架的应用
- CSS 层叠样式表的应用

本章将介绍 HTML 的基础知识，如果读者已经学过网页设计等课程，掌握了 HTML，可以跳过此章，直接进入第 3 章学习。

2.1　HTML 概述

2.1.1　HTML 简介

HTML（Hyper Text Markup Language），即"超文本标记语言"，是用特殊标记来描述文档结构和表现形式的一种语言。

目前，HTML 已经发展到了 5.0 版本。严格地说，HTML 并不是一种程序设计语言，它只是一些由标记和属性组成的规则，这些规则规定了如何在页面上显示文字、表格、超链接等。

HTML 语言内容丰富，从功能上大体可分为：文本结构设置、列表建立、文本属性制定、超链接、图片和多媒体插入、对象、表格以及窗体的操作等。

2.1.2　HTML 文档的结构

HTML 文件主要包括 HEAD、TITLE、BODY 三部分，下面是基本结构：

```
<HTML>
  <HEAD>
    标题部分
  </HEAD>
  <BODY>
    正文部分
  </BODY>
</HTML>
```

2.1.3　常用 HTML 编辑工具

HTML 文件实际上也是纯文本类型文件，最简单的编辑方法就是用记事本或 editplus 之类的工具进行编辑。当使用记事本等编辑器在保存文档或者更改文件名时，把文件的扩展名设为.htm 或者.html，那么这个文件就是一个 HTML 文档。

为了提高网页设计的效率，很多公司设计了专业的网页编辑器，像 Dreamweaver、FrontPage、CutePage、QuickSite 等是专门用来制作网页的，它们具有可视化的设计功能。

2.2　HTML 初级元素

2.2.1　HTML 文本

在网页中大多数以文本为主要内容，因此文本设计是网页设计的基础，文本设计包括：设置标题，文字的字体、颜色、字号、字形以及段落、文本布局等。

1. HTML 标签与注释

下面通过一个非常简单的例子来作为我们学习用 HTML 创建网页的开始，如下所示：

```
<TITLE> Minimal Web Page </TITLE>
Hello World!
```

保存后运行这个网页，查看浏览器的标题栏，会出现这样的文字：Minimal Web Page。发现这就是在标识符<TITLE>…</TITLE>中输入的文本。<TITLE>标识符为网页提供了一个标题。

注：当人们为你的网页放置书签或是搜索引擎检索你的网点（两种常见情况）时，就会用到这个标题。

<HTML>标签说明了这个文件是一个 HTML 文件。在 HTML 文件头部应包含<HTML>标识符，并在文件尾包含</HTML>标识符来确保兼容性。

<HEAD>标签包含了所有出现在 HTML 文件头部的标识符。

<BODY>标签表明了 HTML 文件的主体部分，所有需要在浏览器上显示的文本及标识符都应该被放置在这里。在网页上显示出来的所有内容几乎都由<BODY>…</BODY>标识符包含。

<!-- -->标签被用来在文件中加入注释，这些注释并不在主页上显示出来。例如，下面就是一个带有注释的例子。

例 2.1：

```
<!--  this is a test HTML document  -->
<HTML>
<HEAD>
<TITLE> Commented </TITLE>
</HEAD>
<BODY>
```

```
Hello World!
</BODY>
</HTML>
```

句子 "this is a test HTML document" 并不会在浏览器上显示出来，因为它由注释标识符 <!-- -->包含。

2. 设置网页颜色

许多 HTML 标签都具有颜色属性，可用来设置不同的颜色。例如，下面例子设置网页背景颜色：

例 2.2：

```
<HTML>
<HEAD>
<TITLE> Background Color </TITLE>
</HEAD>
<BODY  bgcolor ="Lime">
Hello World!
</BODY>
</HTML>
```

打开这个 HTML 文件时，网页的背景颜色变成草绿色。不难发现这是通过设置<BODY>标签的 bgcolor 属性来改变一个网页背景颜色的。

根据 HTML 规范，使用 RGB 值来表示颜色。例如，#000000 表示黑色，#FF0000 表示红色等。HTML 预定义有 RED、GREEN、BLUE、PURPLE 等颜色，因此可以直接使用。

注：由于 Web 程序基于浏览器开发，因此以三个数字来标识各种颜色——颜色的红、绿、蓝（RGB 值），其中每个数字可取 0～255 中的任意值。例如，黑色就是三个 0，因为黑色中没有任何颜色，即#000000。在这个例子中，前两个 0 是颜色的红色值，中间两个 0 是颜色的绿色值，最后两个 0 是蓝色值。符号#告诉浏览器通过 RGB 值来指定色彩，而不是用它们的名字。

用户使用 RGB 值可以指定 16 777 216 种颜色。当然，这需要计算机显示硬件的支持。

3.
和 <HR> 标记

HTML 文件中会忽略多余空格和回车，直接在文本中回车并不能起到换行作用，因此怎样在网页中插入行分隔符呢？这时需要一个 HTML 标记——
标签，它能显示多行文本。由于
不是一个容器标识符，也就是说，并不需要</BR>，它可以单独出现，例如：

```
<TITLE> Two Lines of Text </TITLE>
<BODY>
I am the first line of text. <BR>
I am the second line of text.
</BODY>
```

以上将文本以两行来显示。如果用户需要分割一段文本内容，可以使用另一个单独出现的 HTML 标记——<HR>，使用它可以在网页上显示一条分割线。

4. 段落格式与格式文本

文本分行的办法不止一种，也可以使用标识符<P>来达到这一目的。<P>标识符被称为段落标识符，可用它来创建段落，如例 2.3 所示。

例 2.3:

```
<HTML>
<HEAD>
<TITLE> Two Lines of Text </TITLE>
</HEAD>
<BODY>
<P> I am the first line of text. </P>
<P> I am the second line of text. </P>
</BODY>
</HTML>
```

<P>的作用
的作用相似，将两行文本分开，但<P>标识符建立了一个新段，此段能包含比较少的文字。

注：与
相比，<P>两行之间会有多出的空行。因为<P>是段落标记。

另一个可用来设置文本的标签是<PRE>，它是预格式化标记。如果想让文本在屏幕上精确地显示出来，或是想让每个输入的文本正如用户布局的那样显示，就可以用<PRE>。例如下面的例子：

```
<TITLE> Two Lines of Text </TITLE>
<BODY>
<PRE>
I am the first line.
I am the second line.
I am the first line.
</PRE>
</BODY>
```

但 HTML 本意是为了能让人们在任何大小的屏幕上浏览网页，<PRE>标识符违反了HTML 的设计原则。因此，用户应尽可能少使用它，特别是对使用低分辨率屏幕的用户。

5. 设置字体

<FONT>标识符可以用来设置字体，它具有三个属性：size、color 和 face，如表 2.1 所示。

表 2.1 <FONT>的属性

属性名称	功　能
size	设置字体大小，分别为 1~7，对应字体由小到大
color	设置字体颜色，同 bgcolor
face	设置字体，如 "黑体"、"楷体"、"宋体" 等

例如：<FONT size="7"color="blue" face="黑体"> 测试字体. </FONT>将会显示蓝色的黑体大号字字符串。

6. 粗体、斜体、下划线及删除线

<B>标记使文字以粗体显示。若要让文字以斜体显示，应把文字置于<I>之间。通过<U>可给文字添加下划线。删除线（有一道横线穿过的文本）应该使用<STRIKE>或<S>标签。

例 2.4：

```
<HTML>
<HEAD>
<TITLE> Text Formatting </TITLE>
</HEAD>
<BODY>
<B> 这是粗体字？ </B>
<P>
<I> 这是斜体字 </I>
<P>
<U>这不是超链接 </U>
<P>
<S> 删除线一！ </S>
<P>
<STRIKE> 删除线二！ </STRIKE>
</BODY>
</HTML>
```

同学们可自行执行上面的例子观察显示结果。

7. 上标和下标

在某些特殊情况下，可能会用到上标和下标（如数学公式等）。在 HTML 中，可分别使用<SUP>和<SUB>标识符来实现。

例 2.5：

```
<HEAD>
<TITLE> 上标与下标 </TITLE>
</HEAD>
<BODY>
质能方程：e=MC
<SUP> 2 </SUP>
<P>
水的分子式是：H
<SUB> 2 </SUB>
O
</BODY>
</HTML>
```

运行结果如图 2.1 所示。

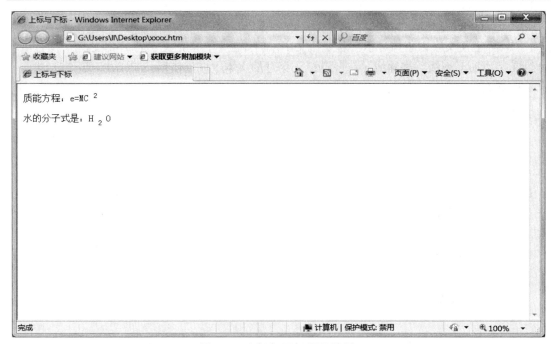

图 2.1   上标与下标显示效果

2.2.2   多媒体与超链接

1. 插入图像及视频

（1）插入图像。

图像在实际的网页设计中已成为必不可少的元素，它可以使网站更加形象和生动，因此用户应掌握在网页中操作图像的方法。

格式：<IMG>…</IMG>

功能：在网页中加入图像、视频、动画等。

其属性和属性取值如表 2.2 所示。

表 2.2   <IMG>标记的常用属性

标记属性	功　　能
src =URL	通过 URL 给出图像来源的位置，不可缺省
width=size	设置图像宽度
height =size	设置图像高度
alt= txt	设置在图像未载入前图片位置显示的文字
border= size	设置图像边框，缺省为 0
align=alignstyle	设置对齐方式，取值为：top、middle、bottom、left、right
hspace=size	设置图片左右边沿空白
vspace=size	设置图片上下边沿空白

例 2.6:

```
<HTML>
<HEAD>
<TITLE> 显示图像 </TITLE>
</HEAD>
<BODY>
<IMG align="center" src="flower.jpg" width="800" height="600" border="0"
alt="花朵">
</BODY>
</HTML>
```

（2）插入视频。

使用<IMG>插入视频或动画时，其用法如表 2.3 所示。

表 2.3　<IMG>标记插入视频动画时的属性

标记属性	功　　能
dynsrc=url	设置动画或视频的来源
loop=size	设置视频播放次数，等于 1 或 infinite 时，无限循环播放
loopdelay=time	设定两次播放间隔时间
start=fileopen 或 mouseover	指定何时开始播放视频

其中 start 取值可为 fileopen 或 mouseover。前者是默认值，是指打开本网页时开始；后者是指鼠标移动到播放区时开始。

例 2.7:

```
<HTML>
<HEAD>
<TITLE> 显示视频 </TITLE>
</HEAD>
<BODY>
<IMG dynsrc="C:\Windows\clock.avi" width="800" height="600" loop=-1></BODY>
</HTML>
```

2.3　HTML 中级元素

2.3.1　表　格

在网页设计中，表格主要起到两个重要功能：一是用来排列文字或图片，使其按行列的方式显示，显得更加有条理和清晰；二是用于页面版面的设计和布局，使用中常用 border 为 0 的表格来设计网页版面，使网页更加规范和美观。

（1）<TABLE>…</TABLE>标记。

格式：<TABLE>…</TABLE>

功能：创建表格进行页面设计。

在浏览器中显示时，表格的整体外观由<TABLE>标记的属性决定。该标记有很多属性，具体如表 2.4 所示。

表 2.4   <TABLE>标记的属性

标记属性	功　能
border=size	设置表格边框大小
width= size	设置表格的宽度
height=size	设置表格的高度
cellspacing=size	设置单元格间距
cellpadding =size	设置单元格的填充距
background =URL	设置表格背景图片
bgcolor =colorvalue	设置表格背景色
align=alignstyle	设置对齐方式
cols =size	设置表格的列数

其中 border 的取值为大于等于 0 的值，实际应用中常让 border=0，边框就不可见，这样用来进行页面的排版和布局。

（2）<TR>…</TR>标记。

在<TABLE>标记之内，可以定义<TR>标记。一个<TR>标记就是表格的一行，一个<TD>就是一行中的一列，也称为单元格。

格式：<TR>…</TR>

功能：定义表格的一行。

<TR>属性如表 2.5 所示。

表 2.5   <TR>标记的属性

标记属性	功　能
align	设置行对齐方式
valign	设置单元格垂直对齐方式

（3）<TD>…</TD>标记。

格式：<TD>…</TD>

功能：定义表格一行中的一列，也就是一个单元格。

<TD>标记的属性、属性值与<TR>和<TABLE>类似，此外它还有 colspan 等特殊属性，如表 2.6 所示。

表 2.6　<TD>标记的属性

标记属性	功　　能
rowspan=num	设置单元格所占的行数，行方向合并单元格
colspan= num	设置单元格所占的列数，列方向合并单元格
align=alignstyle	设置行对齐方式
valign=valignstyle	设置单元格垂直方向对齐方式
width =size	设置单元格的宽度
height = size	设置单元格的高度

（4）< CAPTION >…</ CAPTION >标记。

格式：< CAPTION >…< /CAPTION >

功能：设置表格的标题，可以对表格做一个说明。

< CAPTION >的属性有 align，用户设置标题的对齐方式。

（5）<TH >…</ TH>标记。

格式：<TH>…< /TH>

功能：设置表格的标题栏，用法与< TD>相似，单元格内的内容会自动以粗体显示。通常可以使用<TH>来设置表格的表头。

学习完表格的基础知识后，我们通过一个综合例子来练习表格的制作。

例 2.8：

```
<HTML>
<HEAD>
<TITLE> 表格实例 </TITLE>
<style type="text/css">
<!--
.STYLE1 {
    font-family: "华文彩云";
    font-size: 50px;
}
.STYLE2 {color: #FFFFFF}
-->
</style>
</HEAD>
<BODY>
<TABLE width="663" height="377" border="1">
  <CAPTION> 
  </CAPTION>
   <TR>
    <TD height="75" colspan="7" bgcolor="#0000FF"><div align="center"
class="STYLE1 STYLE2"> 2007 年 2 月</div></TD>
```

```
    </TR>
    <TR>
      <TD  width="80"  bgcolor="#FF0033"><div  align="center"> <span
class="STYLE2">星期日</span></TD>
      <TD width="80" bgcolor="#666666"><div align="center">星期一</TD>
      <TD width="80" bgcolor="#666666"><div align="center">星期二</TD>
      <TD width="80" bgcolor="#666666"><div align="center">星期三</TD>
      <TD width="80" bgcolor="#666666"><div align="center">星期四</TD>
      <TD width="80" bgcolor="#666666"><div align="center">星期五</TD>
      <TD width="80" bgcolor="#666666"><div align="center">星期六</TD>
    </TR>
    <TR>
      <TD bgcolor="#FF0033"> </TD>
      <TD colspan="3"> </TD>


      <TD><div align="center">1</TD>
      <TD><div align="center">2</TD>
      <td bgcolor="#999999"><div align="center">3</TD>
    </TR>
    <TR>
      <TD bgcolor="#FF0033"><div align="center">
      <span class="STYLE2">4</span></TD>
      <TD><div align="center">5</TD>
      <TD><div align="center">6</TD>
      <TD><div align="center">7</TD>
      <TD><div align="center">8</TD>
      <TD><div align="center">9</TD>
      <TD bgcolor="#999999"><div align="center">10</TD>
    </TR>
    <TR>
      <TD bgcolor="#FF0033"><div align="center">
      <span class="STYLE2">11</span></TD>
      <TD><div align="center">12</TD>
      <TD><div align="center">13</TD>
      <TD><div align="center">14</TD>
      <TD><div align="center">15</TD>
      <TD><div align="center">16</TD>
      <TD bgcolor="#999999"><div align="center">17</TD>
    </TR>
```

```
<TR>
  <TD bgcolor="#FF0033"><div align="center">
  <span class="STYLE2">18</span></TD>
  <TD><div align="center">19</TD>
  <TD><div align="center">20</TD>
  <TD><div align="center">21</TD>
  <TD><div align="center">22</TD>
  <TD><div align="center">23</TD>
  <TD bgcolor="#999999"><div align="center">24</TD>
</TR>
<TR>
  <TD bgcolor="#FF0033"><div align="center">
  <span class="STYLE2">25</span></TD>
  <TD><div align="center">26</TD>
  <TD><div align="center">27</TD>
  <TD><div align="center">28</TD>
  <TD><div align="center">29</TD>
  <TD> </TD>
  <TD bgcolor="#999999"> </TD>
</TR>
</TABLE>
</BODY>
</HTML>
```

运行效果如图 2.2 所示。

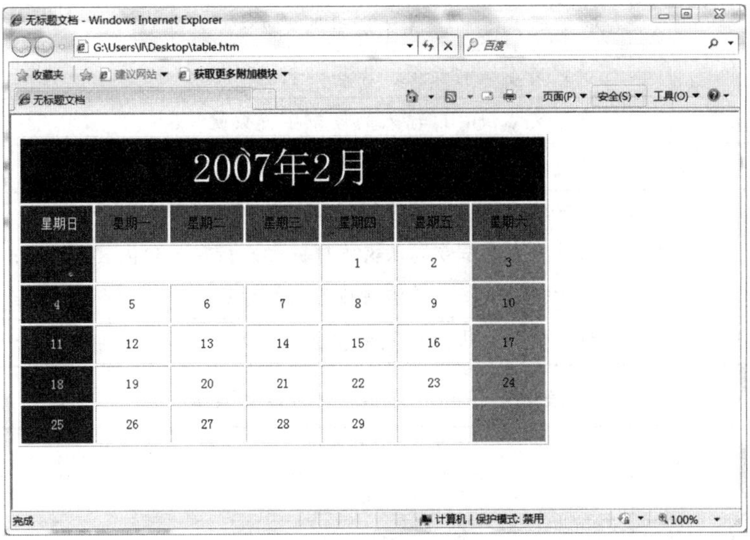

图 2.2   表格示例图

2.3.2　表　单

在各种动态网站和 Web 应用程序中，表单是经常可见的栏目。比如用户登录、注册、留言、发表意见等可输入的文本域、选择按钮、下拉列表等共同组成了表单（form）。客户端通过表单将数据提交到服务器端，实现客户端与服务器、Web 数据库等的交互，真正实现了动态网页的程序设计。因此表单是一个非常重要的内容。

1．<FORM>标记

格式：< FORM >…</ FORM >

功能：用于定义一个表单，表单中可包含文本框、下拉列表、按钮等元素。

其属性及取值如表 2.7 所示。

表 2.7　<TD>标记的常用属性及取值

标记属性	功　能
name	设置表单的名字，字符串值
method	设置表单传送数据的方式，取值为 post 或 get。post 传递数据没有大小限制，get 方式把数据附加在 url 地址后面传递到服务器端，传递数据大小有限制
action	设置处理表单数据的后台程序文件路径，可为绝对地址或相对地址

2．<input>标记

格式：< input　type= "…"　name= "…"　value= "…"　…>

功能：用于在表单中定义文本域、密码域、单选按钮、多选框、各种按钮等元素。不同元素会有不同的属性及取值，如表 2.8、2.9 所示。

表 2.8　<input>标记的常用属性及其取值

标记属性	功　能
type	设置元素类型，具体类型见表 2.9
size	设置文本域的长度，即字符长
maxlength	设置文本域可以输入的最多字符数量
name	设置元素的名称，一般为字符串
value	设置单选按钮或复选框，被选中后传递到服务器端的值，必选；对单行文本框或隐藏文本域，用来指定其默认值，可选；对于按钮，用于显示在按钮上的标题，可选
checked	设置此值，表示该元素被选中，多用于单选按钮或复选框

表 2.9　<input> type 属性及其取值

标记属性	功　能
text	表示元素是单行文本域
password	表示元素是密码文本域，用*回显

续表 2.9

标记属性	功　　能
checkbox	表示元素是复选框
radio	表示元素是单选按钮
submit	表示元素是提交按钮
reset	表示元素是重置按钮，按下后将清除所填内容
image	表示元素是图像按钮，用 src 属性来指定图像文件的路径位置
hidden	隐藏文本域，不可见，用于页面之间传递数据
file	文件选择框，常用于上传文件

注：表 2.8 中元素有两个最重要属性：一个是 name 属性，服务器端通过它来识别是哪个元素传递的数据；另一个是 value 属性，服务器端后台程序通常通过这个属性来获取用户提交的数据。

3. <select>标记

格式：< select >

　　　<option >表项一

　　　<option >表项二

　　　…

　　< / select >

功能：用于定义一个下拉列表或列表，<option >表示列表中的某一项。

< select >标记主要属性如表 2.10 所示，<option>属性及其值如表 2.11 所示。

表 2.10　<select>标记属性及其取值

标记属性	功　　能
name	设置列表框元素的名称
size	设置列表框中一次显示的表项数。如为 1，则呈现下拉列表样式；如果大于 1，则是普通列表框样式
multiple	设置列表是否支持多选，按 Ctrl 键可多选

表 2.11　<option>属性及其取值

标记属性	功　　能
value=data	设置列表选项的初始值，字符串类型，可选
selected	设置列表某选项被选中

4. <textarea>标记

格式：< textarea >

　　　　…

　　　< / textarea >

功能：用于定义一个多行文本域，常用于文字输入量比较大的场合，如论坛、留言板等。

< textarea >标记的主要属性及取值如表 2.12 所示。

表 2.12　< textarea >标记属性及其取值

标记属性	功　能
name	设置表单中的多行文本域元素名称
rows	设置多行文本域的行数
cols	设置多行文本域的列数
tabindex	设置 Tab 键次序

2.4　HTML 高级元素

2.4.1　框架网页

　　所谓框架，指的是一个浏览器窗口内同时容纳多个 HTML 文档，让它们在一个窗口内同时显示。这在导航网页中经常使用，如图 2.3 所示。

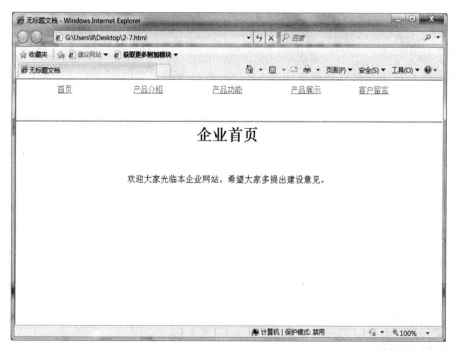

图 2.3　框架网页显示图

　　其中框架网页文件是最重要的文件，虽然它本身不能显示任何内容，但却起到了把整个浏览器窗口分成各个部分的作用。下面是具体代码：

例 2.9：

```
<HTML>
```

```
<HEAD>
<TITLE> 框架示例 </TITLE>
</HEAD>
<FRAMESET rows="20%,*"  border="1" framespacing="0">
  <FRAME src="2-10.HTML" name="topFrame"  >
  <FRAME src="2-11.HTML " name="mainFrame"  >
</FRAMESET>
<NOFRAMES><body>
</body>
</NOFRAMES></HTML></HTML>
```

在上例中，可以看出<FRAMESET>标记不能写在<body>中，为了防止浏览器不支持框架，可以在<body>外加<NOFRAMES>标记，这样如果浏览器不支持才会显示<body>内的内容。<FRAMESET>标记的属性及其取值如表 2.13 所示。

表 2.13　< frameset >标记属性及其取值

标记属性	功　　能
col	设置左右框架，每个窗口的宽度。其个数与窗口数相等；取值可为数字，百分数或*。数字表示其所占的像素，百分数表示所占窗口的比例，*表示分割之后剩余的空间
rows	设置上下框架，其取值同 col
frameborder	设置框架边框状态，取值为 1 即显示边框，取值 0 则不显示边框
border	设置边框宽带，其取值为像素
bordercolor	设置表框颜色，其取值与 bgcolor 等属性意义相同

<frame>标记代表一个框架内的窗口，其个数与框架窗口数相同。其属性及取值如表 2.14 所示。

表 2.14　< frame >标记属性及其取值

标记属性	功　　能
name	设置框架窗口的名字
src	设置框架窗口的来源网页，其取值可为相对路径或绝对路径
scrolling	设置框架是否显示滚动条，取值为 yes、no 或 auto，分别表示显示、不显示或自动调整
noresize	设置框架能否调整大小。无取值，加入此标记则不能调整框架窗口大小

顶部框架窗口中初始网页为 2-10.HTML，其代码如下：

例 2.10：

```
<HTML>
<head>
<base target="mainFrame">
</head>

<body>
<table width="822" border="0" align="centre">
  <TR>
    <td  width="231"><div  align="center"><a  href="2-11.HTML"> 首 页
</a></div></td>
    <td width="207"><div align="center"><a href="cpjs.HTML">产品介绍
</a></div></td>
    <td width="203"><div align="center"><a href="cpgn.HTML">产品功能
</a></div></td>
    <td width="199"><div align="center"><a href="cpzs.HTML">产品展示
</a></div></td>
    <td width="148"><div align="center"><a href="khly.HTML">客户留言
</a></div></td>
  </tr>
</table>
</body>
</HTML>
```

这个页面将作为框架中的导航窗口，点击其中的超链接会在下部窗口中打开链接指向的网页，这是如何做到的呢？注意在<head>区域里，加入了语句：

```
<base target="mainFrame">
```

这样点击超链接默认就会在下面的窗口打开，如果想在其他窗口打开，或在新窗口打开等，注意设置超链接标记<a>的 target 属性，就可以控制在任意框架或窗口中打开。

显示在下侧的网页为 2-11.HTML，这是一个静态 HTML 网页，将被显示在下侧窗口中，其代码如下：

例 2.11：

```
<HTML>
<head>
<style type="text/css">
<!--
.STYLE1 {
    font-family: "宋体";
    font-size: xx-large;
    font-weight: bold;
```

```
}
-->
</style>
</head>
<body>
<div align="center" class="STYLE1">企业首页</div>
    <p>欢迎大家光临本企业网站。希望大家多提出建设意见。</p>
</body>
</HTML>
```

2.4.2　CSS 基础

CSS（Cascading Style Sheets）层叠样式表，又称风格样式表，用来进行网页风格统一设计，通过它可以统一地控制 HTML 中各标记的显示属性，从而使用户能更有效地控制网页外观以及创建特殊显示效果。

CSS 的定义方法有以下几种：

1. 通过 HTML 标记定义

可以通过定义 HTML 标签来实现 CSS 样式表，定义时在属性和取值之间用":"分隔，有多个属性时，用";"分隔。

例 2.12：

```
<HTML>
<head>
<style type="text/css">
<!--
BODY {
    font-size: x-large;
    font-weight: bold;
    color: #FF0000;
}
-->
</style>
</head>
<body>
<p align="center">CSS 层叠样式表的定义方法</p>
</body>
</HTML>
```

其显示结果如图 2.4 所示。

图 2.4   使用 HTML 标记定义 CSS

2. 用 id 属性定义样式表

虽然通过 HTML 标记可以定义 CSS，但这种方式还是略显复杂，不够灵活。于是又引入 id 和 class 来定义样式表。id 定义以"#"开头，然后用 HTML 标记定义 CSS 的方法把属性及取值写入"{ }"内。

3. 使用 class 定义样式表

使用 class 定义 CSS 的方法与用 id 基本相同，不过 class 定义以"."开头，然后再把标准的属性和属性值写入大括号内，具体的写法如例 2.13 所示。

例 2.13：

```
<HTML>
<head>
 <style type="text/css">
<!--
#styleid{
    font-family: "楷体";
    font-size: x-large;
    color: #FF0000;
}
.STYLECLASS {
    color: #FF00FF;
    font-weight: bold;
}
```

```
-->
</style>
</head>
<body>
  <p  id="styleid" align="center">CSS 层叠样式表的定义方法:使用 id</p>


  <p class="STYLECLASS" align="center">CSS 层叠样式表的定义方法:使用 class</p>
</body>
</HTML>
```

在 IE 浏览器中的显示结果如图 2.5 所示。

图 2.5　使用 id 和 class 定义 CSS

在 HTML 中加入 CSS 的方法有以下四种：

① 嵌入式样式表。

这种方法只要在对应的 HTML 标记里加上 CSS 属性就可以。但作用范围只局限于本标记内，它没有体现出 CSS 对网页风格统一设计的优势，建议少用。如

```
<body style="font-size: x-large; font-weight: bold; color: #FF0000;">
```

② 内联式样式表。

这种方式将 CSS 的定义语句放在<head>部分，在网页应用时，使用 id=""或 class=""的方式来引用，作用域为当前页。

③ 输入式样式表。

这种方式将样式表保存为一个.css 文件，然后在网页中可以引入多个样式表，方法是：@import url（文件路径），路径可以是相对路径，或是一个 url 网址。

④ 外联式样式表。

这种方法也是把样式表定义为 css 文件，在网页中引用。方法是：在<head>…</head>之间使用<link　rel="stylsheet" href="css 文件名">。href 是 css 文件的位置，rel 表示引用文件与当前页的关系，通常为 stylsheet，它表示当前文件是 HTML 主文件，引用 css 文件，作用范围是整个网站内的网页，使得整个网站网页风格一致。

小　结

本章主要介绍了 HTML 的常见标记及其属性和取值，重点介绍了表单及表格。大家在学习时可以通过 dreamweaver 等可视化工具制作，然后切换到代码栏进行源代码的查看和学习，通过多动手练习才能熟悉掌握。

对于已经熟练掌握 HTML 的读者，也可以跳过此章，直接进入第 3 章学习。

习　题

一、理论题

1. 熟悉 HTML 文档的基本结构。

2. 综合运用各种网络元素设计个人主页。

3. 掌握相对路径和绝对路径的定义、区别及应用。

二、实验题

1. 利用表单元素设计个人简历提交页面。

2. 利用表格制作类似如图 2.2 所示的月历。

3. 利用框架网页设计一个个人主页，在左侧窗口设计首页，个人简介，个人照片，日志，给我留言等超链接，在右侧窗口显示对应的链接指向文件。

第 3 章　VBScript 基础

本章重点

- VBScript 数据类型
- 常量、变量与表达式
- 运算符
- 常用函数和各种类型的表达式
- 过程与函数的定义和调用
- 条件分支程序和循环控制程序

3.1　脚本语言概述

　　脚本语言是介于 HTML 标记语言与 VB、VC、Java 等大型编程语言之间的一种语言，其语法更接近高级语言，但比高级语言更简单，功能也被简化，因此学习难度没有大型编程语言大，比较容易入门。

　　ASP 严格地说本身不是一门编程语言，却为嵌入其中的脚本语言提供了运行平台。ASP 采用的脚本语言有 VBScript 和 JavaScript 等，但默认的是 VBScript 语言。VBScript 来源于 VB，而 VB 是一门简单易学、功能强大的编程语言，因此 VBScript 也继承了其易学的特点，下面就介绍 VBScript 的基本语法。

3.2　VBScript 数据类型

　　强类型语言在声明变量时必须同时指定其所属类型，如整型、字符串、浮点型等，如 C 语言。而 VBS 是弱类型语言，只有一种特殊的数据类型，称为 Variant。它可以根据不同的变量赋值，自动进行匹配类型。如给此变量赋值为字符串时，将作为字符串类型处理；给此变量赋值为数字时，将作为数值型变量进行处理。Variant 包含了很多不同的子类型，这些子类型如表 3.1 所示。

表 3.1   Variant 数据子类型

子类型	描 述
Empty	未初始化的 Variant。对于数值变量，值为 0；对于字符串变量，值为零长度字符串（""）
Null	不包含任何有效数据的 Variant
Boolean	包含 True 或 False
Byte	包含 0 到 255 之间的整数
Integer	包含-32 768～32 767 的整数
Currency	-922 337 203 685 477.580 8～922 337 203 685 477.580 7
Long	包含-2 147 483 648～2 147 483 647 的整数
Single	包含单精度浮点数，负数范围从-3.402 823E38～-1.401 298E-45，正数范围从 1.401 298E-45～3.402 823E38
Double	包含双精度浮点数，负数范围从-1.797 693 134 862 32E308～-4.940 656 458 412 47E-324，正数范围从 4.940 656 458 412 47E-324～1.797 693 134 862 32E308
Date（Time）	包含表示日期的数字，日期范围从公元 100 年 1 月 1 日到公元 9999 年 12 月 31 日
String	包含变长字符串，最大长度可为 20 亿个字符
Object	包含对象
Error	包含错误号

注：Empty 与 Null 类型的区别，其中 Empty 表示未初始化的变量值，如果是数值，其值为 0；如果是字符串，其值则为空串""；而 Null 表示变量不含有任何有效的数据。

3.2.1   VBScript 常量

程序中，不能改变其值的量称为常量。常量又可分为直接常量和符号常量。

1. 直接常量

直接常量又称为字面常量，是指可以通过字面形式辨别出来的常量，即通常所谓的常数。

字符串常量："网络程序设计"、"3.14"等，用双引号界定。

数值常量：3.14、1.2E8 等。

日期时间常量：#2009-9-21#等，用#界定。

2. 符号常量

在 VBScript 中，用户使用 Const 关键字可以自己定义符号常量。如：

```
Const pi=3.1415926
Const name="小王"
```

除了自己定义的常量外，还有一部分常量是系统内置的，也称为系统常量，这类常量可以直接引用，如表 3.2 所示。

表 3.2　常见系统常量

常量名称	常量含义
True	布尔真值
False	布尔假值
Empty	未初始化前的值
Null	空　值
Vbcrlf	回车换行
Vbtab	制表符 tab

3.2.2　VBScript 变量

变量是计算机内存中已命名的存储位置，其中包含了数字或字符串等。变量包含的信息被称为变量的值。

1. 变量命名规则

在 VBScript 中，变量的命名规则如下：

（1）变量名必须以字母开头；

（2）可以使用字母、数字和下划线，但不能使用任何标点符号；

（3）长度不能超过 255 个字符；

（4）不能使用 VBScript 的关键字。所谓关键字，就是 Const、Dim、Sub、End 等在语法中使用的一些特殊字符串。

2. 变量的声明及引用

声明（定义）变量可以使用 Dim 语句，如：

```
Dim intA          '声明一个变量 intA
```

变量的赋值也与许多高级语言相同，变量放在等号的左边，赋值语句放在等号的右边，赋值语句可以是一个常量（常数），也可以是一个表达式。如：

```
intA=10+20*3
```

变量的引用与常量类似，可以将变量直接赋值给另外一个变量，也可以将变量引用到表达式中。如：

```
Dim intA,intB,intC          '声明 3 个变量
intA=5                      '给变量 intA 赋值
intB=5                      '给变量 intB 赋值
intC=intA+intB              '引用变量 intA 和 intB，将两者之和赋给变量 intC
```

有时为了避免程序出错，可以要求在使用所有变量之前都先声明它们，即要求所有的变量必须强制声明，可以通过在 ASP 文件中所有的脚本语句之前添加 Option Explicit 语句来实现，用法如下：

```
<% Option Explicit %>
```

当添加了 Option Explicit 语句后，如果使用变量前没有预先声明，调试程序时就会报错。

3. 变量的作用域

作用范围也称作用域，表示在什么空间范围内可以使用该变量。在 VBScript 中，变量的作用范围是由变量的声明位置决定的。

过程级变量：在一个过程内声明的变量，则只有在这个过程中的代码才可以使用该变量。

脚本级变量：在所有过程之外声明的变量，则该文件中的所有代码均可以使用该变量。

4. 变量的有效期

有效期也称存活期，表示变量在什么时间范围内可以使用该变量。

过程级变量的有效期就是该过程的运行时间，过程结束后，变量就随即消失了；脚本级变量的有效期就是从它被声明那一刻到整个代码的结束。

3.2.3　VBScript 数组

数组代表内存中具有特定属性的若干连续的存储单元，每个单元都可以用来存放数据，根据单元的索引（也称下标）就可以访问特定的存储单元。

VBScript 使用数组之前要先进行定义，然后才能使用。通常用 Dim 语句来定义数组。

数组下标的下界一律从 0 开始。声明数组时可以给出数组的上界。一个数组中可以含有不同数据类型的数组元素。

1. 静态数组

数组的命名、声明、赋值和引用与上一节的变量基本上是一样的，所不同的是在声明数组时要指明元素数（也就是长度）。如：

```
Dim intA(2)      '声明一个元素数为 3 的数组
intA(0)=1        '给第 1 个数组元素变量赋值
intA(1)=2        '给第 2 个数组元素变量赋值
intA(2)=3        '给第 3 个数组元素变量赋值
```

多维数组的引用和赋值与一维数组是一样的，只不过括号中的第 1 个数字表示所在行，第 2 个数字表示所在列。

例如：声明一个 3 行 4 列的二维数组的代码如下：

```
Dim intA(2,3)    '声明一个 3 行 4 列的二维数组
```

下面是该二维数组的结构示意图：

	第一列	第二列	第三列	第四列
第一行	intA（0,0）	intA（0,1）	intA（0,2）	intA（0,3）
第二行	intA（1,0）	intA（1,1）	intA（1,2）	intA（1,3）
第三行	intA（2,0）	intA（2,1）	intA（2,2）	intA（2,3）

2. 动态数组

动态数组又称为变长数组，意思是声明数组时可以不确定数组元素个数，以后根据需要再确定。

声明变长数组的语法如下：

```
Dim intA()
```

声明方法与定长数组类似，只是在括号中不指明数组长度而已。当需要使用的时候，可以用 Redim 语句重新声明该数组。如：

```
Redim intA(3)      '重声明数组，长度为4
```

Redim 数组后，原有的数值将全部清空。如果希望保留原有元素的数值，在 Redim 语句中需要添加 Preserve 参数，例如：

```
<% Redim Preserve intA(5)%>
```

3.3　VBScript 运算符和表达式

3.3.1　算术运算符和数学表达式

算术运算符和数学表达式主要用于常规的数学运算。

（1）双目运算符。如：

```
intResult=intA^2+intB^2       '求两个变量的平方和
```

（2）单目运算符。如：

```
intResult=-5                  '求负数，结果为-5
```

算术运算符在实际运算中是有优先级的，依次为^、-（求负）、*和/、\、Mod、+和-。当然，大家也可以使用括号任意改变运算顺序。

大部分运算符两边不需要留空格，但是少数容易混淆的运算符两边必须留空格，如 Mod。

3.3.2　连接运算符

连接运算符和字符串表达式主要用于将若干个字符串连接成一个长的字符串。

&运算符表示强制连接，表示不管两边的操作数是字符串、数值、日期还是布尔值，它都会把它们自动转化为字符串后连接在一起。如：

```
strResult="ab" & "cd"  '结果为"abcd"
```

+运算符也可以用于连接字符串，但只有当两个操作数都是字符串时才执行连接运算。如果有一个操作数是数值、日期或者布尔值，就执行相加运算。此时，如果有一个操作数无法转换成可以相加的数据类型，就会出错。

注：在执行连接运算时，为了避免出现歧义而导致类型转换的错误，尽量多使用"&"运算符以替代"+"运算符。

3.3.3　比较运算符

常用的比较运算符有=、<>、>、<、>=和<=，这些运算符执行后的结果为 True（真）或 False（假）。如：

```
blnResult=5>3                 '对两个数字进行比较，结果为 True
```

```
blnResult=#2008-1-1#<#2008-8-8#    '对两个日期进行比较，结果为 True
```
比较运算符在实际运算中是没有优先顺序的，按从左到右的顺序进行 。

3.3.4　逻辑运算符

逻辑运算符是对两个布尔值（True 或 False）或两个比较表达式进行一系列的逻辑运算，然后再返回一个布尔值结果。

常用的逻辑运算符有 And（逻辑与）、Or（逻辑或）和 Not（逻辑非），运算规则如下：

（1）And 表示并且，只有两个操作数都是 True 时，结果才为 True，否则为 False；

（2）Or 表示或者，只要两个操作数中有一个是 True，结果就为 True，否则为 False；

（3）Not 表示求反，它是单目运算符，只有一个操作数。当操作数是 True 时，结果为 False；当操作数为 False 时，结果为 True。

还有其他几个不太常用的逻辑运算符：Xor、Eqv、Imp，分别表示逻辑异或、逻辑等于、逻辑包含。

3.3.5　运算符的优先级

当出现所谓混合表达式，即一个表达式中包含了多类运算符时，此时运算顺序稍微有些复杂，按照优先级要求，需要先计算算术运算符，其次连接运算符，再次比较运算符，最后计算逻辑运算符。不过，在实际的开发中，建议大家没有必要去记这些顺序，在编程时可以充分利用括号"（ ）"来改变运算顺序，这样既可以增加程序的可读性，也能达到自己的要求。

3.4　VBScript 函数与过程

与 C 等其他语言类似，VBScript 也可以定义自己的子程序，以完成特定的功能。VBScript 把这种子程序块分为 Sub（过程）和 Function（函数）两种，它们的区别在于是否有返回值。

3.4.1　Sub 过程

Sub 过程的定义语法如下：

```
Sub 子程序名（[形式参数 1，形式参数 2，…]）
…
End Sub
```

调用子程序的两种方式：

（1）Call 子程序名（[实际参数 1，实际参数 2，…]）

（2）子程序名 [实际参数 1，实际参数 2，…]

例 3.1：

```
<HTML>
<body>
```

```
<%
Dim M, N                              'M 和 N 为实际参数
M=3
N=4
Call mySquare(M, N)                   '调用子程序，显示结果
'下面是子程序，用来计算两个数的平方和
Sub mySquare(intA,intB)                        'intA 和 intB 是形式参数
    Dim lngSum
    lngSum=intA^2+intB^2
    Response.Write "3 和 4 的平方和是：" & lngSum
End Sub
%>
</body>
</HTML>
```

程序运行结果如图 3.1 所示。

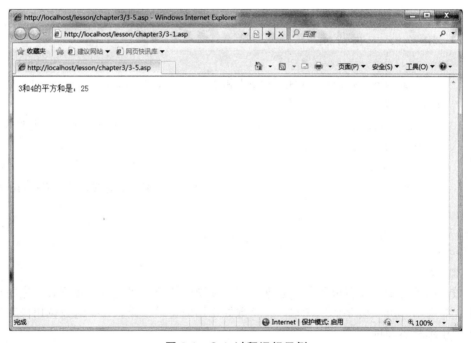

图 3.1　Sub 过程运行示例

注：调用过程时可以使用 Call 关键字。如果调用过程时使用了括号，实参表必须放在括号内。如果省略 Call 关键字，也必须同时省略实参变量表外的括号。另外，如果用 Call 语法调用任何系统内置的或用户自定义的函数，函数的返回值都将被丢弃。

3.4.2　Function 函数

Function 函数的语法如下：

```
Function 函数名（[形式参数 1，形式参数 2，…]）
…
End Function
```
调用函数的语法如下：

变量=函数名（参数 1，参数 2，…）

注意：

① Function 函数和 Sub 过程类似，也是利用实参和形参一一对应传递数据。如果 Function 函数无参数，也必须使用空括号。

② 与 Sub 过程不同的是，Function 函数通过函数名返回一个值，这个值是在函数的语句中赋给函数名的。

例 3.2：

```
<HTML>
<body>
    <%
    Dim   M, N,lngResult                            'M 和 N 为实际参数
    M=3
    N=4
    '调用函数，返回平方和
    lngResult=mySquare（M,N）
        Response.Write "3 和 4 的平方和是： " & lngResult
    '下面是函数，用来显示两个数的平方和
    Function mySquare（intA,intB）                   'intA 和 intB 是形式参数
        Dim lngSum
        lngSum=intA^2+intB^2
        mySquare=lngSum                    '赋值给函数名，通过这种方式返回函数值
    End Function
    %>
</body>
</HTML>
```
函数可以像变量一样引用和参与运算，需要接受函数的返回值时，参数表两边的括号不能省略。如果用 Call 关键字调用函数时，函数的返回值将被丢弃。无参函数调用像变量名一样，只使用函数名即可。

3.4.3　内置函数

除了可以自定义过程和函数外，VBS 还提供了很多系统自带的内置函数，这些函数是系统定义的，用户看不到它的内部实现，但可以直接调用，能很大程度提高编程效率。

（1）数学函数。

数学函数包括取整函数、随机函数、绝对值函数、三角函数和指数函数等，它们的参数和返回值一般都是数值。常用的数学函数如表 3.3 所示。

表 3.3　常见数学函数及其功能

函数名	语　法	功　能
Abs	Abs（number）	返回一个数的绝对值
Sqr	Sqr（number）	返回一个数的平方根
Sin	Sin（number）	返回角度的正弦值
Cos	Cos（number）	返回角度的余弦值
Tan	Tan（number）	返回角度的正切值
Atn	Atn（number）	返回角度的反正切值
Log	Log（number）	返回一个数的自然对数
Int	Int（number）	取整函数，返回一个小于 number 的最大整数
FormatNumber	FormatNumber（number，numdigitsafterdecimal）	转化为指定小数位数（numdigitsafterdecimal）的数字
Rnd	Rnd（）	返回一个从 0 到 1 的随机数
Ubound	Ubound（数组名，维数）	返回该数组的最大下标
Lbound	Lbound（数组名，维数）	返回最小下标

其中，Rnd 函数是使用比较多的函数，其用法如下：

```
Rnd[（number）]
```

函数返回一随机数。参数 number 可以是任何数值表达式。Rnd 函数返回的随机数介于 0 和 1 之间，可等于 0，但不能等于 1。number 的值会影响 Rnd 返回的随机数。

（2）字符串函数。

字符串函数用于对字符串进行处理，常用的字符串函数如表 3.4 所示。

表 3.4　常见字符串函数及其功能

函　数	语　法	功　能
Len	Len（string）	返回 string 字符串里的字符数目
Trim	Trim（string）	将字符串前后的空格去掉
Ltrim	Ltrim（string）	将字符串前面的空格去掉
Rtrim	Rtrim（string）	将字符串后面的空格去掉
Mid	Mid（string,start,length）	从 string 字符串的 start 字符开始取得 length 长度的字符串，如果省略第三个参数表示从 start 字符开始到字符串结尾的字符串

续表 3.4

函　数	语　法	功　能
Left	Left（string,length）	从 string 字符串的左边取 length 长度的字符串
Right	Right（string,length）	从 string 字符串的右边取得 length 长度的字符串
LCase	LCase（string）	将字符串里的所有大写字母转化成小写字母
UCase	UCase（string）	将字符串里的小写字母转化成大写字母
StrComp	StrComp（string1,string2）	返回 string1 字符串与 string2 字符串的比较结果，如果两个字符串相同，返回 0
InStr	InStr（string1,string2）	返回 string2 字符串在 string1 字符串中第一次出现的位置
Split	Split（string1,delimiter）	将字符串根据 delimiter 拆分成一维数组，其中 delimiter 是表示子字符串界限的字符，如果省略，使用空格（""）当做分隔符
Replace	Replace（string1,find,replacewith）	返回字符串，其中指定的子字符串（find）被替换为另一个子字符串（replacewith）

（3）日期和时间函数。

日期及时间函数比较常用，常见的函数如表 3.5 所示。

表 3.5　常见日期及时间函数及其功能

函　数	语　法	功　能
Now	Now（）	取得系统当前的日期和时间
Date	Date（）	取得系统当前的日期
Time	Time（）	取得系统当前的时间
Year	Year（）	取得给定日期的年份
Month	Month（Date）	取得给定日期的月份
Day	Day（Date）	取得给定日期是几号
Hour	Hour（time）	取得给定时间是第几小时
Minute	Minute（time）	取得给定时间是第几分钟
Second	Second（time）	取得给定时间是第几秒
WeekDay	WeekDay（Date）	取得给定日期是星期几的整数 1 表示星期一 2 表示星期二 依次类推

续表 3.5

函　数	语　法	功　能
DateDiff	DateDiff（"Var", Var1,Var2） Var:日期或时间间隔因子 Var1：第一个日期或时间 Var2：第二个日期或时间	计算两个日期或时间的间隔
DateAdd	DateAdd（"Var", Var1,Var2） Var:日期或时间间隔因子 Var1：日期或时间 Var2：日期或时间	对两个日期或时间作加法 DateAdd（"d"，10，Date（））10天后是几号
FormatDateTime	FortDateTime（Date,vbShortDate）	转化为短日期格式
	FortDateTime（Date,vblongDate）	转化为长日期格式
	FortDateTime（Date,vbShortTime）	转化为短时间格式
	FortDateTime（Date,vbLongTime）	转化为长时间格式

日期或时间间隔因子说明如下：

间隔因子	yyyy	m	d	Ww	h	s
说明	年	月	日	星期	小时	秒

日期和时间函数是可以嵌套使用的，因为经常应用，下面通过几个例子来说明。

例 3.3：

```
<HTML>
<head>
<title>日期时间函数</title>
</head>
<body>
<%
    response.Write "今天日期为"&date（）&"<br>"
    response.Write "今天时间为"&time（）&"<br>"
    response.Write "今天 "&weekdayname（weekday（now（）））&"<br>"
    response.Write "十年前的今天是"&dateadd（"yyyy",-10,date（））&"<br>"
response.Write "距离 2012 年还有"&datediff（"d",date（）,#1/1/2012#）&"<br>"
%>
</body>
</HTML>
```

程序运行结果如图 3.2 所示。

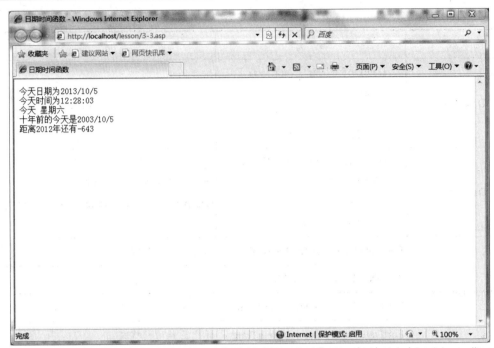

图 3.2   日期时间函数运行示例

（4）类型转换函数。

VBS 通常会根据具体环境将 variant 转换为对应的子类型，但在一些具体情况里，自动转换会造成类型不匹配的错误，这时就需要用到类型转换函数。常见转换函数及其功能如表 3.6 所示。

表 3.6   常见转换函数及其功能

函 数	功 能
CStr（variant）	将变量 variant 转化为字符串类型
CDate（variant）	将变量 variant 转化为日期类型
CInt（variant）	将变量 variant 转化为整数类型
CLng（variant）	将变量 variant 转化为长整数类型
CSng（variant）	将变量 variant 转化为 single 类型
CDbl（variant）	将变量 variant 转化为 double 类型
CBool（variant）	将变量 variant 转化为布尔类型

（5）类型判别函数。

很多时候需要判断一个变量具体的数据子类型，此时就需要用到检验函数。常见类型判别函数及其功能如表 3.7 所示。

表 3.7　常见类型判别函数及其功能

函　数	功　能
VarType（variant）	检查变量 variant 的值，函数值为该变量的数据子类型，0 表示空，2 表示整数，7 表示日子，8 表示字符串，11 表示布尔变量，8192 表示数组
IsNumeric（variant）	检查变量 variant 的值，如果 variant 是数值类型，则函数值为 true
IsNull（variant）	检查变量 variant 的值，如果 variant 为 null，则函数值为 true
IsEmpty（variant）	检查变量 variant 的值，如果 variant 是 empty，则函数值为 true
IsObject（variant）	检查变量 variant 的值，如果 variant 是对象类型，则函数值为 true
IsDate（variant）	检查变量 variant 的值，如果 variant 是日期类型，则函数值为 true
IsArray（variant）	检查变量 variant 的值，如果 variant 是数组类型，则函数值为 true

3.5　流程控制语句

在结构化的程序设计中，程序的基本结构可以分为三种：顺序、分支、循环。前面大家接触的大部分都是一条语句接着上条语句执行，这是典型的顺序结构。下面将介绍另外两种重要结构：分支和循环。

3.5.1　If…Then…Else 语句

If…Then…Else 语句用于判断条件是 True 或 False，然后根据判断结果指定要运行的语句。If 语句的几种形式：

（1）If 条件表达式 Then 程序语句

（2）If 条件表达式 Then

　　　　　程序语句块

　　End If

（3）If 条件表达式 Then

　　　程序语句块 1

　　Else

　　　程序语句块 2

　　End If

（4）If 条件表达式 1 Then

　　程序语句块 1

　ElseIf 条件表达式 2 Then

　　程序语句块 2

　Else

```
    程序语句块 N+1
  End If
```

例 3.4：

```
<%
If time > #6:00:00# Then
    If time < #12:00:00# Then
        Greeting="早上好!"
    Else If time < #18:00:00#  then
        Greeting="下午好!"
    Else
        Greeting="晚上好!"
    End If
Else
    Greeting="晚上好!"
End If
response.Write  greeting
%>
```

程序运行结果如图 3.3 所示。

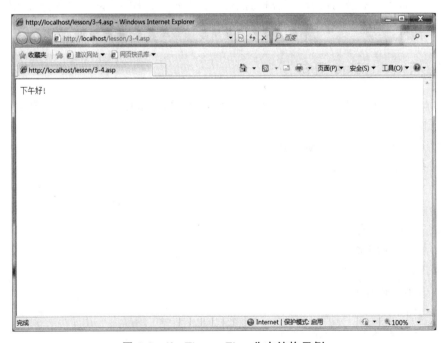

图 3.3   If…Then…Else 分支结构示例

说明：本例程按照 6 到 12 点报上午，12 点到 18 点报下午，18 点以后报晚上的报时要求，分段执行 If…Then…Else 对应的语句。

3.5.2 Select Case 语句

当 If…Then…Else 结构层次过多时会导致程序可读性降低，不易理解，这时可采用多分支结构，也就是 Select Case 结构。Select Case 语句是 If…Then…Else…End If 语句多条件时的另外一种形式，适当使用可以使程序更简洁方便。

Select Case 语句语法如下：

```
Select Case 变量或表达式
Case 结果 1
    程序语句块 1
Case 结果 2
    程序语句块 2
…
Case 结果 N
    程序语句块 N
Case Else
    程序语句块 N+1
End Select
```

例 3.5：

```
<%
    Dim strGrade
    strGrade="B"        '这里为了简单，直接赋值了，一般应该接受用户输入，或从数据库中读出
    Select Case strGrade
    Case "A"
        Response.Write "你的成绩优秀。"
    Case "B"
        Response.Write "你的成绩良好。"
    Case "C"
        Response.Write "你的成绩中等。"
    Case Else
        Response.Write "你的成绩差，加油了。"
    End Select
    Response.Write "<p>程序运行结束。"
    %>
```

程序运行结果如图 3.4 所示。

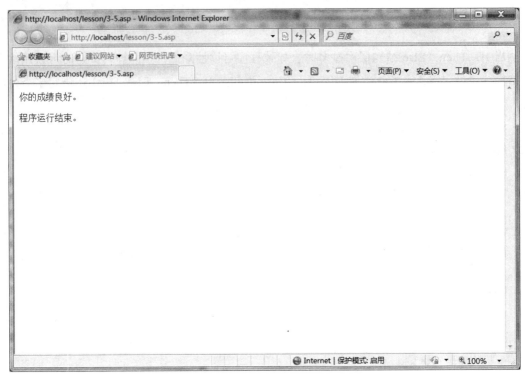

图 3.4　Select Case 多分支结构示例

3.5.3　For 循环

For…Next 循环是一种强制型循环。在循环过程中，可以指定循环次数，当到达循环运行次数之后，即退出循环。因此通常用在循环次数能确定的情况。语法如下：

```
For counter=start To end [Step stepsize]
        程序语句块
Next
```

其中参数及说明如表 3.8 所示。

表 3.8　For…Next 循环参数表

参　　数	说　　明
counter	循环的计数器变量。该变量随每次循环增加或减少一个步长
start	计数器变量的初始值，可以是常量、变量或表达式
end	计数器变量的终值，可以是常量、变量或表达式
stepsize	计数器变量的步长，可以为正、负整数和小数。可省略，默认为 1

例 3.6：

```
<%
    Dim  Sum,I                      'Sum 用来存放结果，I 是循环计数器变量
    Sum=0                           '给 Sum 赋初值 0
```

```
For I=1 To 100                              '计数器变量 I 从 1 循环到 100
    Sum=Sum+I
Next
Response.Write "1 到 100 相加的和=" & Sum
%>
```

说明：这个程序可以输出 1 到 100 自然数相加的和。如果使用了 exit 语句，可以立即退出循环的执行。

3.5.4　Do…Loop 循环

Do…Loop 循环是当条件为 True 或条件变为 False 之前，一直重复执行程序语句块。其语法有如下几种形式：

（1）Do While　条件表达式
　　　程序语句块
　　　Loop

（2）Do
　　　程序语句块
　　　Loop While　条件表达式

（3）Do Until　条件表达式
　　　程序语句块
　　　Loop

（4）Do
　　　程序语句块
　　　Loop Until　条件表达式

与 For 循环类似，Do…Loop 循环也可以通过 exit 语句立即退出循环的执行。

3.5.5　While 循环

While…Wend 循环是当条件表达式值为 True 时，执行循环，否则跳出循环，与 Do…Loop 循环非常相似。其语法如下：

```
While 条件表达式
        程序语句块
Wend
```

将前面例 3.6 中的 For 循环语句替换为如下的语句，执行结果是一样的。

```
I=1
While I<=100
    Sum=Sum+I
    I=I+1
Wend
```

3.5.6   For Each 循环

For Each…Next 循环是对数组和集合中的元素进行枚举（一一列举），当枚举结束后就会退出循环。其语法如下：

```
For Each 元素 In 集合
            程序语句块
   Next
```

例 3.7：

```
<%
    'strSum 用来保存结果，Item 用来返回数组元素，count 用来记数
    Dim strA(2),strSum,Item,count
    strA(0)="8"                              '给数组元素赋值
    strA(1)="9"
    strA(2)="10"
    For Each Item in strA                    '执行循环，取出每个元素
        strSum=strSum & Item&" "             '用空格区分开各个元素
        count=count+1
    Next
    Response.Write "全部数组元素个数为："&count&"  它们是：" & strSum
%>
```

程序运行结果如图 3.5 所示。

图 3.5   For Each 循环结构示例

3.6　其他语句

一般情况下，都是满足循环结束条件后退出循环，但有时候需要强行退出循环。在 For...Next 和 Do...Loop 循环中，强行退出的语句分别是 Exit For 和 Exit Do。

Exit 语句也可以用来退出子程序和函数，语句分别为 Exit Sub 和 Exit Function。不过 Exit 语句通常是与 If 语句结合使用的。例如：

```
lngSum=0
    For I=1 to 100
        lngSum=lngSum+I^2
      '如果大于10000，则强行退出循环
      If lngSum>10000 Then Exit For
    Next
Response.Write "最后的结果是：" & lngSum
```

3.6.1　注释语句

注释语句不会被执行，也不会显示在页面上，只是在自己与别人阅读源文件时才能看到。添加注释语句主要是为了增加程序的可读性。

一般用 Rem 或"'"符号（单撇号）来表示该符号所在行的语句是注释语句。用法如下：

```
<% sngA=Rnd（）      '返回一个随机数     %>
```

或
```
<% sngA=Rnd（）      Rem 返回一个随机数   %>
```

3.6.2　容错语句

容错语句用在当程序发生错误，但又不希望程序终止，也不希望将错误暴露在访问者面前的情况。

容错语句为：<% On Error Resume Next %>，当在程序中加入该条语句后，只要碰到错误时，就会跳过去继续执行下一条语句。但是调试程序时就不要添加该语句，否则在页面上就不会看到错误信息了。去掉这条语句可以更方便调试程序。

小　结

ASP 默认的语言就是 VBScript，因此本章的内容是后续章节的基础，大家要学习掌握好 VBS 的基本语法。重点掌握字符串相关知识，如连接符和字符串函数。会写 VBScript 过程和函数。重点研究判断和循环语句。

习 题

一、理论题

1. VBScript 的程序流程有哪些?

2. VBScript 数据类型 Variant 的子数据类型有哪些?

3. 如何编写过程 Sub 与函数 Function?

二、实验题

1. 编写一个个人主页，在上面显示当前的日期，时间和星期。

2. sum= $S=1^2+3^2+5^2+\cdots+99^2$，请利用两种以上循环语句编写程序，计算 sum 的值。

3. 编写一程序，产生一个 0~9 的随机数，并判断其奇偶性，奇数输出"产生了一个奇数"，偶数输出"产生的是偶数"。

4. 请编写一个函数计算 a 到 b 的立方和，并调用此函数输出结果，调用时 a、b 分别设定为 3 和 6。

5. 公鸡一只值 5 元钱，母鸡一只值 3 元钱，小鸡 3 只值一元钱，现在用 100 元钱买 100 只鸡，编写程序输出所有可能的解（提示：可使用 For 循环嵌套和条件判断语句）。

第 4 章　ASP 内置对象

本章重点

- 利用 Response 对象的属性、方法来控制和管理由服务器发送到浏览器的数据
- 利用 Request 对象获得表单所提交的数据、服务器环境变量的值
- 利用 Request 和 Response 对象来读写 Cookies 的值
- 使用 Session 对象保存信息
- 使用 Application 对象保存信息
- 在 Globa.asa 文件中使用 Application 对象和 Session 对象
- Server 对象的 HtmlEncode 方法和 MapPath 方法

什么叫对象? 我们常把同类事物称为一个"类",而一个"类"的实例称为"对象",类是对同类对象的抽象,而"对象"是某个"类"的具体化。

传统的程序设计总是将数据和处理数据的方法相互分离;而在面向对象的程序设计中将数据和方法封装在一个统一体中,这个统一体就是类。这样做的优点是: 更有利于代码的移植;模块相对对立,接口简单,容易维护;面向对象方法很接近人类的思维方式;符合代码复用的原则。

每个对象主要由对象属性、对象方法及对象集合构成。属性描述对象的静态外部特征(例如窗体对象的尺寸、颜色等,再如 Response.IsClientConnected);方法是对象所具备的功能(如: Response.Write);集合是一种数据结构,类似一个容器,可以用来接受其他对象传来的数据(例如 Request 对象的 QueryString 集合)。在 ASP 中,大家可以把对象理解为对具有特定功能的程序语句的封装,对象通常可用属性、方法和集合来描述。

ASP 中的内置对象是其内建自带的,这些对象不用用户手工创建或声明,直接就可以引用其属性或方法,ASP 中提供了 6 个内置对象: Request 对象、Response 对象、Server 对象、Session 对象、Application 对象、ObjectContext 对象。ASP 中常用的是前 5 个重要的内置对象:

Request 对象——从客户端获取数据;

Response 对象——向客户端输出数据;

Session 对象——记载特定客户的信息;

Application 对象——记载同一个应用程序中的所有用户之间的共享信息;

Server 对象——提供服务器端的许多应用函数,如创建 COM 对象和 Scripting 组件等。

4.1　Response 对象

Response 对象用于向客户端浏览器发送数据,用户可以使用该对象将服务器的数据以

HTML 的格式发送到用户端的浏览器，它与 Request 组成了一对接收、发送数据的对象，这也是实现动态网站的基础。

4.1.1　Response 对象的属性

Response 对象具有的属性如表 4.1 所示。

表 4.1　Response 对象的属性

属性名	属性说明
Buffer	表明由一个 ASP 页所创建的输出是否一直存放在 IIS 缓冲区，直到当前页面的所有服务器脚本处理完毕或 Flush、End 方法被调用。在任何输出（包括 HTTP 报头信息）送往 IIS 之前这个属性必须设置。因此在.asp 文件中，这个设置应该在<%@language=...%>语句后面的第一行。ASP 3.0 缺省设置缓冲为开（True），而在早期版本中缺省为关（False）
Expires	读/写，数值型，指明页面有效的以分钟计算的时间长度。假如用户请求其有效期满之前的相同页面，将直接读取显示缓冲中的内容，当这个有效期过后，页面将不再保留在私有（用户）或公用（代理服务器）缓冲中
ExpiresAbsolute	读/写，日期／时间型，指明当一个页面过期和不再有效时的绝对日期和时间
Pics	只写，字符型，创建一个 PICS 报头并将之加到响应中的 HTTP 报头中，Pics 报头定义页面内容中的词汇等级，如暴力、性、不良语言等
Charset	将字符集的名称添加到 Response 对象的 content-type 标题后面
ContentType	指定响应的 HTTP 内容的类型
Status	读/写，字符型，指明发回客户的响应的 HTTP 报头中表明错误或页面处理是否成功的状态值和信息。如"200 OK "和"404 Not Found"

1. Buffer

Buffer 属性指示是否缓冲页输出。当缓冲页输出时，只有当前页的所有服务器脚本处理完毕或者调用了 Flush 或 End 方法后，服务器才将响应发送给客户端浏览器，当服务器将输出发送给客户端浏览器后就不能再设置 Buffer 属性。因此应该在.asp 文件的第一行调用 Response.Buffer。

例如：

```
<%Response.Buffer=True%>  <!-- 设置页面输出时先输出到缓冲区 -->
<HTML>
<Head>
<title>Buffer 示例</title>
</head>
<body>
<%
 for i=1 to 500
     Response.write(i & "<br>")
```

```
    next
%>
</body>
</HTML>
```

这个页面被客户浏览时，整个页面的所有内容会同时显示在浏览器上，这个页面会存在在缓冲区中直到脚本执行结束。如果不设置 Buffer 属性的值，服务器页面的内容会逐渐输出到客户机上。

2. Charset

Charset 属性将字符集名称附加到 Response 对象中 content-type 标题的后面。对于不包含 Response.Charset 属性的 ASP 页，content-type 标题将为：content-type:text/HTML。

用户可以在.asp 文件中指定 content-type 标题，如：

```
    < % Response.Charset="gb2312" ）%>
```

将产生以下结果：

```
    content-type:text/HTML; charset=gb2312
```

注意：无论字符串表示的字符集是否有效，该功能都会将其插入 content-type 标题中。且如果某个页包含多个含有 Response.Charset 标记，则每个 Response.Charset 都将替代前一个 CharsetName。这样，字符集将被设置为该页中 Response.Charset 的最后一个实例所指定值。

3. ContentType

ContentType 属性指定服务器响应的 HTTP 内容类型。如果未指定 ContentType，默认为 text/html。

4. Expires

Expires 属性指定了在浏览器上缓冲存储的页距过期还有多少时间。如果用户在某个页过期之前又回到此页，就会显示缓冲区中的页面。如果设置 Response.Expires=0，则可使缓存的页面立即过期。这是一个较实用的属性，当客户通过 ASP 的登录页面进入 Web 站点后，应该利用该属性使登录页面立即过期，以确保安全。

5. ExpiresAbsolute

与 Expires 属性不同的 ExpiresAbsolute 属性指定了缓存于浏览器中的页面的确切到期日期和时间。在未到期之前，若用户返回到该页，该缓存中的页面就显示。如果未指定时间，则该主页在当天午夜到期。如果指定了日期，则该主页在脚本运行当天的指定时间到期。如下示例指定页面在 2008 年 12 月 10 日上午 9 点 0 分 30 秒到期。

```
    < % Response.ExpiresAbsolute=#Dec 12,2008 9:00:30# %>
```

4.1.2 Response 对象的方法

Response 对象具有的方法如表 4.2 所示。

表 4.2   Response 对象的方法

方法名	方法说明
BinaryWrite（data）	在当前的 HTTP 输出流中写入 Variant 类型的 SafeArray，而不经过任何字符转换。对于写入非字符串的信息，例如定制的应用程序请求的二进制数据或组成图像文件的二进制字节，是非常有用的
Clear（）	当 Response.Buffer 为 True 时，从 IIS 响应缓冲中删除现存的缓冲页面内容。但不删除 HTTP 响应的报头，可用来放弃部分完成的页面
End（）	让 ASP 结束处理页面的脚本，并返回当前已创建的内容，然后放弃页面的任何进一步处理
Flush（）	发送 IIS 缓冲中所有当前缓冲页给客户端。当 Response.Buffer 为 True 时，可以用来发送较大页面的部分内容给个别的用户
Redirect（url）	通过在响应中发送一个 "302 Object Moved" HTTP 报头，指示浏览器根据字符串 url 下载相应地址的页面
Write（string）	在当前的 HTTP 响应信息流和 IIS 缓冲区写入指定的字符，使之成为返回页面的一部分

1. Write 方法

Write 方法是大家平时最常用的方法之一，它的使用频率非常高，是将指定的字符串写到当前的 HTTP 输出。如：

```
<%Response.write"Hello,world!"%>
```

注：Write 方法还有一种省略的写法，如<%="Hello,world!"%>，这种写法只有在 Response.Write 只输入一行时使用，用 "=" 可以代替 Response.Write，如果 Response.Write 输出有两行以上，则不能用此种写法。或者说，这种省略形式需要将每一个准备输出的变量或字符串常量都用 "<%…%>" 括起来。

例 4.1：Write 方法应用示例页面 4-1.asp。

```
<%
Dim str1,str2
str1="Hello"
str2="World!"
Response.Write（"Response 对象 Write 方法用法举例："）
Response.Write（str1）
Response.Write（str2）
%>
```

页面效果如图 4.1 所示。

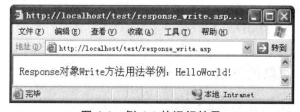

图 4.1   例 4.1 的运行结果

也可以将 HTML 标记通过 Response.Write 方法写入客户端，这样就可以通过 ASP 控制浏览器中网页元素显示的格式。

例 4.2：ASP 控制浏览器中网页元素显示格式示例页面 4-2.asp。

```
<%
Response.Write("<div align='center'><a href='test.htm'> 这是一个链接 </a></div>")
For i=1 To 5
    s="<h" & i & ">第" & i & "级标题样式</h" & i &">"
    Response.write(s)
next
%>
```

页面效果如图 4.2 所示。

图 4.2　4-2.asp 页面显示效果

在浏览器里面查看页面 4-2.asp 的源文件，可以看出页面经过服务器处理后发送到客户端变成了一个纯粹的 HTML 文件，如图 4.3 所示。

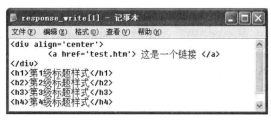

图 4.3　4-2.asp 页面源文件

2. Redirect 方法

该方法使浏览器可以重新定位到另一个 URL 上，这样，当客户发出 Web 请求时，客户端的浏览器类型已经确定，客户被重新定位到相应的页面。

在第 2 章的 HTML 语言中，超链接标记<a></a>也可以实现从一个页面到另一个页面的跳转，但是它有一个前提是用户需要自己单击该链接才行。Response.Redirect 方法则不同，它可以用自己编写的程序控制，不用用户点击就可实现自动跳转。

Response.Redirect 方法使用的语法如下：

```
Response.Redirect(url)
```

其中 url 参数是能代表一个网址的字符串常量或变量，指示了客户浏览器将要被重新定向的目的页面。

例 4.3：

```
<HTML>
<head>
<title>Redirect 示例</title>
</head>
<body>
<form action="formjump.asp" method="post">
  <select name="wheretogo">
    <option selected value="fun">Fun</option>
    <option value="news">News</option>
    <option value="sample">Sample</option>
  </select>
<input type=submit name="jump" value="Jump">
</form>
</body>
</HTML>
```

以上是提交的表单，下面是处理表单的文件 formjump.asp：

```
<%Response.Buffer=true%>
<HTML>
<head>
<title>Redirect 示例</title>
</head>
<body>
<%
strurl="4-2.asp"
where=Request.form ("wheretogo")
Select Case where
  case "fun"
    response.redirect  strurl          '引导至变量表示的网址
  case "news"
    response.redirect  " http://www.163.com"
  case "sample"
    response.redirect  "4-1.asp"
End Select
%>
</body>
<HTML>
```

本例中，当用户选择了以后，按"Jump"按钮提交表单，服务器接到申请后调用 formjump.asp 判断后定位到相应的 URL。

如果想在 ASP 文件中任意地方使用 Redirect 方法重定向页面，可以在文件开头加上 <%Response.Buffer=true%>，如果设置 Response.Buffer=false 就会报错，原因在于：在默认情况下，服务器直接将页面输出至客户端，一旦 HTML 元素写入到了客户端，再想将网页重定向到另外一个页面，这是不允许的；而 Buffer 属性为 true 后，页面先输出到缓冲区，因此可以随时重定向页面。

在 IIS Version 4.0 及以下版本 Buffer 属性默认为 false，而 IIS Version 5.0 及更高版本 Buffer 默认为 true。所以现在一般不用设置 Buffer 属性，也可以随时重定向页面。

3. End 方法

该方法用于告知 Active Server 当遇到该方法时停止处理 ASP 文件。如果 Response 对象的 Buffer 属性设置为 True，这时 End 方法即把缓存中的内容发送到客户端并清除缓冲区。

在 ASP 程序中，可以用它来控制程序流程，碰到 Response.End 语句后，程序立即终止，不过它会将之前的页面内容发送到客户端，只是不再执行后面的语句了。

例 4.4：

```
<HTML>
<body>

    这是第一句
    <%
    Response.Write "<p>这是第二句</p>"
    Response.End
    Response.Write "<p>这是第三句</p>"
    %>
    这是第四句

</body>
</HTML>
```

运行结果如图 4.4 所示。

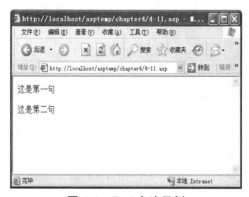

图 4.4　End 方法示例

4. Clear 方法和 Flush 方法

```
<%Response.Flush%>
```

其中 Flush 是 Response 的一个方法，它必须是 Buffer 属性设置为 true 时才能使用，否则会产生一个运行模式错误。另外一个 Clear 方法也是用于清除被缓存的页面，同样要 Buffer 属性设置为 true 时才能使用。

当 Buffer 的值为 true 时，Clear 方法用于将缓冲区中的当前页面内容全部清除，Flush 方法用于将缓冲区中的当前页面内容立刻输出到客户端。

4.2　Request 对象

在生成动态交互式网页时，必须首先获取用户从客户端浏览器提交的信息。通过 Request 对象，服务器可以获取客户端相关信息。这些信息包括能够标识浏览器和用户的 HTTP 变量、存储在客户端的 Cookie 信息以及附在 URL 后面的值（URL 参数或页面中表单元素的值）。Request 对象是动态页面编程的基础。

使用 Request 对象的语法如下：

Request [. 集合 | 属性 | 方法] [（变量名）| . count]

4.2.1　Request 对象的集合

集合是存储字符串、数字、对象等值的地方。集合与数组非常相似。它与数组的不同之处在于：集合被修改后，集合项的位置将会发生改变。可以通过集合项的名称、索引或者通过在集合中遍历所有集合项来访问各项目。

Request 对象的集合有 5 个，分别保存了 HTTP 请求中客户端的不同信息。详细情况如表4.3 所示。

表 4.3　Request 对象的集合

集合名	存储的信息
QueryString	HTTP 查询字符串中变量的值
Form	以 POST 方式提交的表单中所有控件的值
Cookies	客户端 Cookie 值的集合
ClientCertificate	发出页面请求时，客户端用来表明身份的客户证书中的所有字段或条目的数值集合
ServerVariables	用户 HTTP 请求的报头值以及 Web 服务器环境变量的集合

由于以上 5 个集合分别保存了不同的客户端信息，因此利用 Request 对象获取客户端信息的方法相应的也有五种，分别是：QueryString、Form、Cookies、ServerVariables 和 ClientCertificate。其中 QueryString 和 Form 方法是最常用的方法，下面重点介绍这两个集合。

1. QueryString 集合

QueryString 集合用于检索 HTTP 查询字符串中变量的值。HTTP 查询字符串就是显示在浏览器地址栏中"？"后面的字符/数值对，利用它可以从一个页面向另一个页面传递数据。

使用 QueryString 集合的语法如下：

Request . QueryString（变量名）[（index）| . count]

其中，变量名指定 HTTP 查询字符串中要检索的变量；count 是被检索的变量值的个数，如果变量未关联多个数据集则计数为 1，如果找不到变量则计数为 0；index 是一个可选参数，它可以取从 1 到 count 之间的任何整数，如果被检索的变量中包含多个值，就可以通过 index 参数指定检索其中某一个特定的值，如果没有指定 index 则返回的数据是用逗号分隔的字符串。

产生查询字符串的方式有多种。可以在超链接标记对<a></a>嵌入查询字符串，例如：

```
<a href="show_message.asp?name=王夏&sex=女"> QueryString 方法获取信息示例</a>
```

单击此链接后，name 和 sex 两个变量及其值就会附加在所请求页面的 URL 后面，若要在 show_message.asp 页面里获取 name 或 sex 变量值，就可以利用 QueryString 方法。如：

```
<%
Dim username,usersex
'获取变量 name 的值，并保存在新变量 username 中
username = Request.QueryString（"name"）
'获取变量 sex 的值，并保存在新变量 usersex 中
usersex = Request.QueryString（"sex"）
%>
```

也可以在浏览器地址栏中直接输入查询字符串。例如，在浏览器地址栏中输入"http://localhost/show_message.asp?name=王夏&sex=女"，同样也可以用 Request.QueryString（"name"）和 Request.QueryString（"sex"）语句在 show_message.asp 页面里获取到 name 和 sex 两变量的值。

另外，如果 Form 表单的 method 属性值设置为 get 的话，后台也需要用 QueryString 来获取表单提交的数据。例如：

```
<form  name="form"  method="get"  action="show_message.asp">
    <input type="text" name="name">
    <input type="text" name="sex">
    <input type="submit" name="submit">
</form>
```

说明：

（1）在"？"后面可以有多个参数，但是参数之间必须用&连接起来；

（2）QueryString 方法后面的参数名必须和"？"后面的变量名完全一致。

下面使用页面文件 4-5.asp 和 4-6.asp 设计 QueryString 集合。

4-5.asp 页面文件代码如下：

例 4.5：

```
<form id="form1" name="form1" method="get" action="4-6.asp">
    请选择您的兴趣爱好:
```

```
<label>
    <input name="checkbox" type="checkbox" id="checkbox" value="运动" />运动
</label>
<label>
    <input name="checkbox" type="checkbox" id="checkbox" value="绘画" />绘画
</label>
<label>
    <input name="checkbox" type="checkbox" id="checkbox" value="音乐" />音乐
</label>
  <input type="submit" name="Submit" value="提交" />
</form>
```

该页面的运行结果如图 4.5 所示。

图 4.5　例 4.5 运行结果

在页面 4-6.asp 中加入如下代码：

例 4.6：

```
<body>
<p>您的兴趣爱好有：
<%=Request.Querystring ( "checkbox" ) %>
</body>
```

当单击图 4.5 中的"提交"按钮后，客户端浏览器信息如图 4.6 所示。

图 4.6　单击图 4.5 中提交后的结果

也可以通过集合索引依次取得含有多个值的查询字符串变量的值，如将 4-6.asp 的代码更改为如下代码：

```
<body>
<p>您的兴趣爱好有：</p>
```

```
<!--根据 checkbox 变量值的个数控制循环次数-->
<% for i=1 to Request.Querystring("checkbox").count %>
<li><%=Request.Querystring("checkbox")(i)%>
<% next %>
</body>
```

则表单提交以后将显示如图 4.7 所示页面。

图 4.7　修改 4-6.asp 代码后的提交结果

还可以通过重复遍历该变量值的集合中所有的值取得含有多个值的查询字符串变量的值，如 4-6.asp 的代码更改为如下代码：

```
<body>
<p>您的兴趣爱好有：</p>
<!-- 利用 for each ... in ... next 重复结构遍历 checkbox 变量的所有值  -->
<% for each item in request.querystring("checkbox")%>
<li><%=item%>
<% next %>
</body>
```

上述代码也可以实现如图 4.7 所示的页面效果。

2. Form 集合

Form 集合存储以 post 方法传送到 HTTP 请求中的表单元素的值。使用 Form 集合的语法如下：

$$Request . Form(element)[(index)| . Count]$$

其中，参数 element 指定集合要检索的表单元素的名称，可选参数 index 和 count 的意义和用法，与 QueryString 集合中相似，不再赘述。

下面使用页面文件 4-7.asp 和 4-8.asp 设计 Form 集合。

4-7.asp 页面文件代码如下：

例 4.7：

```
<body>
    <form id="form1" name="form1" method="post" action="4-8.asp">
    请选择您的兴趣爱好：
```

```
    <select name = "interest" multiple="multiple" size="3">
        <option value="运动">运动</option>
        <option value="绘画">绘画</option>
        <option value="音乐">音乐</option>
</select>
        <input type="submit" name="Submit" value="提交" />
        </form>
</body>
```

4-8.asp 页面文件代码如下:

例 4.8:

```
<body>
<p>您的兴趣爱好有: </p>
<!--根据 checkbox 变量值的个数控制循环次数-->
<% for i=1 to request.form("interest").count %>
<li><%=request.form("interest")(i)%>
<% next %>
</body>
```

当用户按如图 4.8 所示选择自己的兴趣爱好并提交表单后, 在 4-8.asp 页面将显示如图 4.9 所示的效果。

图 4.8　页面文件 5-3.asp 运行结果

图 4.9　单击图 4.8 中的提交后的结果

只有当表单的提交方式设置为 post 时, 才能通过 Form 集合获取表单元素的值。

在 ASP 动态网站的建立过程中, 利用 Request 对象的 Form 集合获取用户提交信息的方法经常会被用到。本章例子 "Web 教程网站" 的制作中就大量用到了 Form 集合。例如在用户登录网站时, 要求用户在如图 4.10 所示的 "login.htm" 页面中填写用户名及登录密码表单，表单处理页面 login.asp 就是通过 Request 对象的 Form 集合获取用户填写的信息，然后根据用户提交信息在数据库中查询，验证用户登录信息是否正确。各页面有关代码如下：

图 4.10　登录页面效果

login.htm 页面关键代码：

```
<form name="form1" method="post" action="login.asp" onSubmit="Check_form ( )">
    <div align="center"><strong>登录名称: </strong></div>
    <input name="username" type="text" id="username">
    <div align="center"><strong>登录密码: </strong></div></td>
    <input name="password" type="password" id="password"></td>
    <input type="submit" name="Submit" value="登录" style="font-weight:bold ">
    <input name="reset" type="reset" id="reset3" value=" 重 置 "
style="font-weight:bold">
    <input name="register" type="button" id="register" value=" 注 册 "
style="font-weight:bold " onClick="ToRegisterPage">
    </form>
```

login.asp 部分代码：

```
<%
……
username = Request.form ( "username" )      '获取用户登录名,并赋给变量 username
password = Request.form ( "password" )      '获取用户密码,并赋给变量 password
str_sql = "select * from user where user_name='" & username & "' and
password='" & password & "'"
          '根据用户提供的用户名和密码查询后台数据库,验证用户是否为注册用户
    ……
    %>
```

4.2.2　Request 对象的属性

Request 对象的属性只有一个，如表 4.4 所示。

表 4.4　Request 对象的属性

属性名	属性说明
TotalBytes	返回客户请求的总字节数，是一个只读属性

4.2.3　Request 对象的方法

Request 对象的方法也只有一个，如表 4.5 所示。

表 4.5　Request 对象的方法

方法名	方法说明
BinaryRead（count）	当数据作为 Post 请求的一部分发往服务器时，从客户请求中获得 count 字节的数据，返回一个 Variant 数组（或者 SafeArray）。如果 ASP 代码已经引用了 Request.Form 集合，这个方法就不能用。同样，如果用了 BinaryRead 方法，就不能访问 Request.Form 集合

注：Request 对象的上述属性和方法并不常用，因此不作介绍，请自行查阅相关资料。

4.3　Cookie 的使用

Cookie 俗称甜饼，可以在客户端长期保存信息。它是服务器端发送到客户端的一些文本，保存在客户端的硬盘上，一般在 Windows 文件夹下临时文件夹下的 Cookies 文件夹里。

每个网站都可以有自己的 Cookie，但是每个网站只能读取自己的 Cookie。

Cookie 有两种形式：会话 Cookie 和永久 Cookie。前者是临时性的，只在浏览器打开时存在；后者则永久地存在于用户的硬盘上并在有效日期之前一直可用。ASP 可以利用 Response 对象的 Cookies 数据集合设置或获取 Cookie 的值，利用 Request 对象的 Cookies 数据集合来获取 Cookie 的值。

4.3.1　使用 Response 对象设置 Cookie

可以使用 Response 对象的 Cookies 数据集合设置 Cookie 的值，语法如下：
Response.Cookies（cookiename）[（keyword）|.attribute] = value
Response 的 Cookies 数据集合的主要属性如下：
Cookies：这个集合用来设置 Cookie 的值。
Cookies（name）.Domain= "…"：设置只有某个 Domain 可以存取某个 Cookie。
Cookies（name）.Expires= "…"：设置某个 Cookie 逾期的日期。如果省略，则关闭浏览

器时该 Cookie 消失。

　　Cookies（name）.HasKeys：用来确定某个 Cookie 是否有 Key。

　　Cookies（name）.Path="…"：设置只有某个路径可访问 Cookie。

　　Cookies（name）.Secure={True,False}：设置是否采取预防措施以确保 Cookie 的安全。

　　利用 Response 对象写入 Cookies 的方法如下：

　　（1）设置不含关键字的单值 Cookie。

　　设置单值 Cookie 很简单，只要指定 Cookie 名称和它的值即可。例如：

```
<%Response.Cookies（"strName"）="高航"　%>
```

　　（2）设置含关键字的多值 Cookie。

　　多值 Cookie 就类似于一个数组，可以包含多个元素，分别用关键字指定即可。例如：

```
<%
Response.Cookies（"strUser"）（"name"）="刘晶"
Response.Cookies（"strUser"）（"age"）=23
%>
```

　　（3）设置 Cookie 的有效期。

　　如果不设置 Cookie 的有效期，则关闭浏览器后该 Cookie 就消失了。下面就针对上面的例子设置有效期：

```
<%
Response.Cookies（"strName"）.Expires=#2012-1-8#          '设置单值Cookie有效期
Response.Cookies（"strUser"）.Expires=#2012-1-8#          '设置多值Cookie有效期
%>
```

4.3.2　使用 Request 对象读取 Cookie

　　可以利用 Request 对象的 Cookies 数据集合获取 Cookie 的值，语法如下：

　　　　Request.Cookies（cookiename）[（keyword）|.attribute]

　　利用 Request 对象获取 Cookies 的方法：

　　（1）获取单值 Cookie 的值。

```
        <% strName=Request.Cookies（"strName"）'返回"高航" %>
```

　　（2）获取含关键字的多值 Cookie 的值。

```
<%
strName=Request.Cookies（"strUser"）（"name"）       '返回"刘晶"
intUserAge=Request.Cookies（"strUser"）（"age"）     '返回 23
%>
```

　　（3）判断 Cookie 是否含有关键字。

　　如果想知道一个 Cookie 是否含有关键字，可以利用 Haskeys 属性。返回值 True 表示含有关键字，False 表示不含关键字。如：

```
<%
    blnResult= Request.Cookies（"strName"）.Haskeys          '返回 False
```

```
blnResult= Request.Cookies("strUser").Haskeys          '返回 True
%>
```

例如，下面的代码就利用了 Cookie 来显示用户访问网站的次数：

```
<% Response.Buffer=True                    '注意：最好加该语句          %>
    <%
    Dim varNumber                              '定义一个访问次数变量
    varNumber=Request.Cookies("intVisit")          '读取 Cookie 值
    If varNumber="" then              '如果 varNumber=""，表示还没有定义该 Cookie
        varNumber=1                    '如果是第一次，则令访问次数为 1
    Else
        varNumber=CInt(varNumber)+1       '如果不是第一次，则令访问次数加 1
    End If
    Response.Write "您是第" & varNumber & "次访问本站"
    Response.Cookies("intVisit")=varNumber     '将新的访问次数保存到 Cookie 中
    Response.Cookies ("intVisit").Expires=DateAdd ("d",30,Date ())
'设置有效期为 30 天
    %>
```

4.4　Session 对象

　　Web 应用技术目前已经深入到了生活中的许多领域，要想创建一个与用户进行交互的基于 Web 的应用程序，而不是简单地建立一个只能显示一个个独立页面的 Web 网站，就必须要有一种方法来记录不同用户的信息。在引例中，虽然网站的每个页面都会检查浏览该页面的用户是否为合法用户，但是并不要求用户在浏览每个页面的时候都登录一次，这就要求用户登录为合法用户后，Web 应用程序能够保存该用户的登录信息直到其离开。

　　Session 对象就是用来保存用户信息的，它所存储的信息不会因为用户从一个页面转到另一个页面而丢失。Session 的工作原理：当客户连接上一个 Web 应用程序时，就会启动一个 Session，这时 ASP 会自动产生一个长整数 SessionID，并且把这个长整数返回给客户端浏览器，然后客户端浏览器会把这个长整数存入 Cookies 内（Cookies 可分为会话 Cookie 和持久 Cookies，会话 Cookie 放在浏览器进程内存中，浏览器关闭后会话 Cookies 就被撤销，持久 Cookies 是客户端硬盘上的一块小的存储空间，一般用来存放服务器返回的该客户的信息。如果出于安全考虑，客户端禁用 Cookies 的话，Session 也就无法使用了）。当客户再次向服务器发出 HTTP 请求时，ASP 就会自动检查 SessionID，并返回该 SessionID 对应的 Session 信息。

4.4.1　Session 对象的属性和方法

　　Session 对象也有自己的属性和方法，分别如表 4.6、4.7 所示。

表 4.6　Session 对象的属性

属性	属性说明
SessionID	存储用户的 SessionID 值
Timeout	Session 对象的有效期

表 4.7　Session 对象的方法

方法	方法说明
Abandon	销毁 Session 对象，释放相关资源

除了以上属性和方法外，Session 对象还有两个事件，如表 4.8 所示。

表 4.8　Session 对象的事件

事　件	事件说明
Session_OnStart	开始创建新的 Session 对象时，产生该事件
Session_OnEnd	销毁 Session 对象或 Session 对象超时时，产生该事件

4.4.2　利用 Session 对象存储信息

利用 Session 对象可以很容易地存储用户的会话信息。其语法如下：

Session（"集合项名"）　=　变量、字符串或数值

例如：

```
<%
Session（"ID"）= use_id                    '将变量 use_id 存入 Session 对象
Session（"username"）= "王夏"             '将字符串存入 Session 对象
Session（"age"）= 24                        '将变量数值存入 Session 对象
%>
```

在实际 Web 应用中，为了既限制非法用户浏览网站，又避免让合法用户频繁输入登录信息，一个有效的办法就是在用户通过身份验证成功登录网站后，利用 Session 对象存储用户的登录信息，然后在每个页面都对这些信息进行检查以判断用户是否合法。具体代码如下：

登录页面代码：

```
<%
if rs.RecordCount=0 then
  Response.Redirect（"login_error.htm"）  '如果登录不成功，则重定向到登录错误页面
else                         '登录成功则记录用户名、权限及注册课程等信息
Session（"username"）=username
Session（"usercourse"）=rs.Fields（"user_course"）.value
Session（"userauthority"）=rs.Fields（"user_authority"）.value
Response.Redirect（"show.htm"）
```

```
end if
%>
```

用户信息检查代码：

```
<%
if Session("username") = "" then              'username 值为空表明该用户未登录
    Response.Redirect("login.htm")
end if
%>
```

利用 Session 对象还可以存储数组。存储数组和存储变量的方法基本上是一样的。但是 Session 对象将数组作为一个整体来对待，也就是说，不论是将数组存储到 Session 中去，还是取出 Session 对象中数组元素的值，都必须将数组看作单个变量来操作。

下面建立页面 4-9.asp 和页面 4-10.asp，尝试 Session 对象中数组元素的使用方法。

页面 4-9.asp 代码：

例 4.9：

```
<body>
<%
Dim courses()
Redim courses(3)
courses(0) = "语文"
courses(1) = "数学"
courses(2) = "英语"
Session("user_course") = courses
%>
<a href="4-10.asp"> 查看课程设置 </a>
</body>
```

页面 4-10.asp 代码：

例 4.10：

```
<body>
<%
Dim courses
courses = Session("user_course")
Response.Write courses(0)&"<br>"
Response.Write courses(1)&"<br>"
Response.Write courses(2)
%>
</body>
```

页面 4-9.asp 的显示效果如图 4.11 所示，单击其中的查看课程设置的显示效果如图 4.12 所示。

图 4.11　页面 4-9.asp 的显示效果

图 4.12　单击页面 4-9.asp 中的查看课程设置的显示效果

Session 对象的 Timeout 属性用来设置 Session 的有效期，例如：

```
<% Session.Timeout = 30 '将 Session 对象的有效期改为 30 分钟 %>
```

Timeout 属性值单位为分钟，默认值为 20，如果修改后的 Timeout 属性值小于 20，则仍以系统默认值 20 分钟为准。

Abandon 方法用于强行销毁 Session 对象。一般情况下 Session 对象会在用户结束会话或者 Session 到期后自动销毁，但有时也需要强制销毁。

例如，当用户退出登录时，就使用了 Session 对象的 Abandon 方法强行销毁与该用户相关的 Session 对象。相关代码如下：

```
<%
Response.Buffer=true
Session.Abandon ( )                              '强行销毁 Session 对象
Response.Redirect ("login.htm")
%>
```

4.4.3　Session 对象的事件

Session 对象的两个事件 Session_OnStart 和 Session_OnEnd 分别是在 Session 对象开始和结束时发生的，响应这两个事件的代码一般放在一个特殊的文件 Global.asa 中，关于 Global.asa 文件的知识在本章后面会专门阐述。

4.5　Application 对象

Session 对象是用户第一次向 Web 应用程序发出 HTTP 请求时，系统自动创建的。这表明不同的用户对应不同的 Session 对象，每个用户只能访问属于他自己的那个特定的 Session

对象。要存储一些可供所有用户共享的"全局"信息，则需要利用 Application 对象。

　　Application 对象是在 Web 服务启动的时候创建的，它不像 Session 对象有有效期的限制，Application 对象是一直存在的，除非 Web 服务重启或者服务器停止。Application 对象是供所有用户一起使用的对象，通过该对象所有用户都可以存储或获取信息。

4.5.1　Application 对象的属性和方法

　　Application 对象的方法和事件分别如表 4.9 和表 4.10 所示。

表 4.9　Application 对象的方法

方　法	方法说明
Lock	锁定 Application 对象，阻止其他用户修改 Application 对象属性值
Unlock	解除锁定

表 4.10　Application 对象的事件

事件	事件说明
Application_OnStart	开始创建新的 Application 对象时，产生该事件
Application_OnEnd	Application 对象结束时，产生该事件

　　Application 对象和 Session 对象的使用方法基本一样，例如：

```
<%
Application.Lock                         '锁定 Application 对象
'将网站被访问次数存入 Application 中
Application("user_visited") = user_visited
'将 Web 程序名称存入 Application 中
Application("Application_name") = "book on line"
Application.Unlock
%>
```

4.5.2　Global.asa 文件

　　处理 Application 对象的两个事件的过程代码同样也放在 Global.asa 中。

　　Global.asa 文件是 ASP 中一个非常特殊的文件，称为全局文件，它主要用来存放 Session 对象和 Application 对象事件处理代码。对于这个特殊文件有一些特殊的要求：

　　（1）Global.asa 文件的文件名是固定的，在任何一个 ASP 应用中，这个文件的名称都必须是 Global.asa；

　　（2）Global.asa 文件的存放位置必须是 ASP 网站的根目录，也就是 IIS 中站点的主目录；

　　（3）Global.asa 中脚本代码不能写成<%和%>的形式，必须写成<Script language="…" runat="server">。这种写法在普通的 ASP 页面中并不常用，但在 Global.asa 文件中必须这样书写；

（4）Global.asa 文件不能包含任何输出语句，因为这个文件只会被调用，根本不会显示在页面上。

很多网站都具有显示在线用户人数的功能，其设计思路是这样的：由于 Application 对象的生命周期是整个应用程序的生命周期，因此可以在 Application 对象中保存网站当前在线人数，在 Application_OnStart 事件中将在线用户人数初始化为零，只要有用户登录就会产生 Session_OnStart 事件，响应这个事件时，将在线人数加 1。同理，用户退出登录时产生 Session_OnEnd 事件，响应这个事件时，将在线人数减 1。具体代码如下：

例 4.11：Global.asa 文件示例。

```
<Script language="vbscript" runat="server">
Sub Application_onStart
    Application.Lock
    Application（"user_online"）=0
    Application.Unlock
End Sub
Sub Session_onStart
    Application.Lock
    Application（"user_online"）=Application（"user_online"）+1
    Application.Unlock
End Sub
Sub Session_onEnd
    Application.Lock
    Application（"user_online"）=Application（"user_online"）-1
    Application.Unlock
End Sub
</script>
```

4.6　Server 对象

Server 对象是 ASP 里面一个非常重要的内置对象，通过它可以访问服务器上的方法或属性，这些服务器方法或属性通常都是非常有用的。Server 对象使用的语法如下：

Server．方法（变量或字符串）　　或　Server．属性 = 属性值

Server 对象的属性如表 4.11 所示。

表 4.11　Server 对象的属性

属　　性	属性说明
ScriptTimeOut	规定脚本的最长执行时间，超时则停止脚本的执行，缺省值为 90 秒

Server 对象的方法如表 4.12 所示。

表 4.12   Server 对象的方法

方　法	方法说明
CreateObject	Server 对象中最重要的方法,用于创建已注册到服务器端的 ActiveX 组件实例对象
HTMLEncode	将字符串转换成 HTML 格式输出
MapPath	将相对或绝对路径转化为物理路径
URLEncode	将字符串转化成 URL 的编码输出

1. ScriptTimeOut 属性

ScriptTimeOut 属性用来设置服务器端脚本的最长执行时间。例如:

```
<!--设置服务器脚本最长执行时间为120秒,超过则停止执行-->
<% Server.ScriptTimeOut = 120 % >
```

如果不设置 ScriptTimeOut 属性值,则取默认值 90 秒。需要说明的是如果设置的时间值小于系统默认值,脚本的最长执行时间仍为系统默认值,也就是说服务器脚本的最长执行时间最小为系统默认值 90 秒。

2. CreateObject 方法

CreateObject 方法用于创建已注册到服务器的 ActiveX 组件的实例。这些 ActiveX 组件既可以是 ASP 内置组件,如数据库访问组件,也可以是第三方提供的组件。例如,在本章例子中,为了能够连接数据库,在许多页面都有如下代码用于创建数据库连接组件的实例:

```
<%SET  conn=Server.CreateObject ("ADODB.Connection")>
```

3. HTMLEncode 与 URLEncode 方法

这两个方法都是用于转换字符串输出形式的。HTMLEncode 方法将字符串转化成 HTML 语句,而 URLEncode 方法将字符串转化成 URL 编码。

例如,要向客户端输出这样一行文本,如图 4.13 所示。

图 4.13   HTMLEncode 方法处理后的输出结果

如果使用下面这样的代码:

```
Response.Write ("超链接标记的使用方法是这样的: <a href='http://www.163.com'>
网易</a>")
```

那么实际在客户端浏览器上显示的效果如图 4.14 所示,字符串 "<a href='http://www.163.com'>网易</a>" 显示成了一个超链接。

图 4.14　直接输出结果

用 HTMLEncode 方法就可解决这个问题：

```
<%
dim str
str = Server.HTMLEncode ( " 超 链 接 标 记 的 使 用 方 法 是 这 样 的 ： <a  href='
http://www.163.com'>网易</a>")
Response.Write ( str )
%>
```

URLEncode 方法将字符串转化成 URL 编码。例如，下面的这行代码经过服务器发送出去后，在浏览器中显示的就是如图 4.15 所示的效果。

```
<%
dim str
str = Server.URLencode ( " 超 链 接 标 记 的 使 用 方 法 是 这 样 的 ： <a  href='
http://www.163.com'>网易</a>")
Response.Write ( str )
%>
```

图 4.15　URLEncode 方法处理后的输出结果

4. MapPath 方法

该方法用于将相对路径转化为物理路径。在编写 ASP 页面时，为了程序的安全和书写方便，通常使用相对路径（也叫虚拟路径）。但是有些时候，例如上传文件或者操作数据库的时候则必须使用物理路径，通过 MapPath 方法就可以将文件的相对路径转换为物理路径，以下代码可获取 server_mappath.asp 文件的物理路径：

```
<%= Server.MapPath ( "server_mappath.asp" )%>
```

小　结

本章重点就是 ASP 五个最常用的内建对象，主要包括服务器端利用 Request 对象的 Form、

QueryString 和 Cookies 数据集合获取客户端的信息；利用 Response 对象 Write 方法和 Cookies 数据集合向客户端输出信息；利用 Session 、 Application 对象存储信息。难点和疑点是 Session 工作原理、Session 对象建立及清除时间和 Global.asa 文件的使用，尤其是 Global.asa 文件中事件的触发时间。

最后 Server 对象也是非常重要的，要重点掌握它的属性和方法如何使用。需要特别注意 MapPath 方法中的相对路径和绝对路径。

习 题

一、理论题

1. ASP 提供了哪几个内置对象？简述其各自功能。

2. 当表单用 post 和 get 两种方法提交时，获取数据的方法有何区别？

3. 请问用什么方法检验各自集合返回值的数据子类型？

4. 使用 Redirect 方法时，需要加上 Response.Buffer=true 语句吗？XP 以上的系统一般需要添加吗？

5. 通过本章学习，可以有哪些方法能将数据从一个页面传递到其他页面？

6. Session 对象的两个事件的触发条件和编写原则。

7. Application 对象的两个事件的触发条件和编写原则。

8. Application 对象和 Session 对象的区别与联系。

9. Globa.asa 文件的作用及其存放位置。

10. Globa.asa 文件的结构。

二、实验题

1. 请开发一个页面，让用户通过下拉列表框选择自己想要访问新浪、搜狐还是网易网站，用户提交选择结果后自动打开该网站。

2. 请开发一个页面，显示来访者的 IP 地址。并判断：如果 IP 地址以 202.202 开头，则显示欢迎信息；否则显示为非法用户，并终止执行程序。

3. 请开发一个页面，其中可以输入姓名和年龄，并选择有效期为 1 周、1 月或 1 年。提交表单后将姓名和年龄保存到 Cookie 中，并按选择设置有效期。

4. 请开发一个简单的在线考试程序，包括 5 道单选题和 5 道多选题，单击"交卷"按钮后就可以根据标准答案在线评分。

5. 请在个人主页上加上当前在线人数和总访问人数。

6. 请在修改示例 4.11.asp 的基础上统计网站在线人数，并使得每位用户访问期间不管怎么刷新页面都只计数 1 次。

7. 请编写两个页面，在第一个页面中用户要输入姓名，然后保存到 Session 中，然后自动引导到第二个页面。在第二个页面中读取该 Session 信息，并显示欢迎信息。如果用户没有在第一页登录就直接访问第二页，要将用户重定向回第一页。

8. 新建一个虚拟目录，然后编写一 ASP 程序，显示网站根目录、网站虚拟目录和正在运行的文件的物理路径。

9. 请编写程序实现一个简单的聊天室，要能显示发言人姓名、发言内容、发言人 IP 地址和发言时间。另外，要求过滤掉用户输入的"<p>、
"等特殊字符。

第 5 章　ActiveX 组件

本章重点

- 文件存取组件
- FSO 对象、File 对象和 Folder 对象的方法与属性
- 文件和文件夹的基本操作
- 文本文件的读写
- 广告轮显组件、文件超链接组件和计数器组件的使用
- 第三方组件的安装和使用

组件是指通过指定的接口函数提供的一些功能。也可以把组件理解为一种程序，通过调用这种程序，以实现在 ASP 中无法实现或者很难实现的功能，它可以提供一种很好的代码重用的方法。通过组件可以弥补 ASP 的不足，实现诸如文件上传、数据库操作、邮件收发等 ASP 不易实现的功能。ActiveX 组件采用组件对象模型（COM）技术编写，可由不同语言开发工具开发，如 C/C++、Java、VisualBasic 等。可以利用这些功能强大的编程语言来实现组件，在 Web 服务器上安装了组件后，就可以从 ASP 脚本中调用组件。

ASP 组件分为 ASP 内置组件和第三方组件。内置组件是 IIS 服务器自带的组件，可以直接使用，例如存取数据库的 ADO 组件就是 ASP 内置组件；第三方组件由第三方提供，可以从网上免费或者付费下载，下载后还需要将该组件注册安装到自己的服务器上方可使用。

ASP 常用内置组件包括广告轮显组件、浏览器兼容组件、文件超链接组件、文件存取组件、数据库存取组件等。这些组件的功能非常强大，但是使用却很简单。它们与数据库存取组件一样，使用前须先用 Server 对象的 CreateObject 方法来创建一个对象实例。

在网站开发的过程中，数据库组件用得最多，其他组件用得较少，但是掌握好组件使用的一般方法，可以给 ASP 编程带来极大方便。

5.1　文件存取组件

文件存取组件可以实现对文本文件的存取，文件和文件夹的复制、移动和删除等操作。文件存取组件包含多个对象，常用对象如表 5.1 所示。

表 5.1 文件存取组件的常用对象

对 象	说 明
FileSystemObject	文件系统对象，几乎包含文件和文件夹处理的所有方法
TextStream	文本流对象，主要用于存取文本文件
File	文件对象，此对象的属性和方法可以处理单个文件
Folder	文件夹对象，此对象的属性和方法可以处理单个文件夹
Driver	驱动器对象，此对象的属性和方法可以处理驱动器

注意：对文件和文件夹操作时，要注意权限问题。

1. FileSystemObject 对象

该对象是最主要的对象，它不仅可以对文件和文件夹进行新建、复制、移动、删除等操作，而且可以建立 TextStream、File、Folder 和 Drive 对象。该对象的语法为：

```
Set FileSystem 对象实例= Server.CreateObject( "Scripting.FileSystemObject" )
```

例如：<% Set fso=Server.CreateObject（"Scripting.FileSystemObject"）%>

（1）属性。它的常用属性只有 Drives，用来返回硬盘上的驱动器对象的集合。

例如：<% Set objsA=fso.Drives %>

（2）方法。方法大致可以分为三部分，分别是关于文件、文件夹和驱动器的方法，如表5.2 所示。

表 5.2 FileSystemObject 对象的常用方法

方 法	说 明
BuildPath（Path, Name）	将 Name 加到 Path 后面，必要时会自动修正路径符号（\）。例如 fso.BuildPath（Server.MapPath（"\F"）,"a.asp"）会返回 c:\inetpub\wwwroot\F\a.asp 路径
CopyFile（Source, Destination, Overwrite）	将 Source 指定的文件复制到 Destination，若 Overwrite 的值为 True 表示覆盖 Destination 的已有同名文件
CopyFolder(Source, Destination, Overwrite）	将 Source 指定的文件夹复制到 Destination，若 Overwrite 的值为 True 表示覆盖 Destination 的已有同名文件夹
CreateFolder（Foldemame）	建立 Foldemame 文件夹，并返回一个 Folder 对象实例
CreateTextFile（Filename, Overwrite, Unicode）	建立一个名称为 Filename 的文本文件，并返回一个 TextStream 对象实例；Overwrite 为布尔值，若值为 True，表示可覆盖，否则为不可覆盖，默认值皆为 False；Unicode 为布尔值，若值为 True，表示为 Unicode 文本文件，否则为 ASCII 文本文件，默认值皆为 False
DeleteFile（Path, Force）	删除 Path 指定的文件，Force 为布尔值，若值为 True，表示删除只读文件，默认值为 False（不删除只读文件）
DeleteFolder（Path, Force）	删除 Path 指定的文件夹，Force 为布尔值，若值为 True，表示删除只读文件夹，默认值为 False（不删除只读文件夹）
DriveExists（Path）	若 Path 指定的磁盘存在，返回 True，否则返回 False

续表 5.2

方　法	说　明
FileExists（Path）	若 Path 指定的文件存在，返回 True，否则返回 False
FolderExists（Path）	若 Path 指定的文件夹存在，返回 True，否则返回 False
GetDrive（Path）	返回包含 Path 的磁盘，返回值为一个 Drive 对象实例
GetDriveName（Path）	返回包含 Path 的磁盘名称，返回值为一个字符串
GetExtensionName（Path）	返回 Path 指定的文件的扩展名，返回值为一个字符串
GetFile（Path）	返回 Path 指定的文件，返回值为一个 File 对象实例
GetFileName（Path）	返回 Path 指定的文件名称或文件夹名称
GetFolder（Path）	返回 Path 指定的文件夹，返回值为一个 Folder 对象实例
GetParentFolderName（Path）	返回 Path 的父文件夹名称，返回值为一个字符串
GetSpecialFolder（Name）	返回特殊文件夹的路径，Name 可以是 WindowsFolder、SystemFolder 或 TemporaryFolder，分别代表 Windows 文件夹、系统文件夹及存放临时文件的文件夹
MoveFile（Source, Destination）	将 Source 指定的文件移动到 Destination 中
MoveFolder（Source, Destination）	将 Source 指定的文件夹移动到 Destination 中
OpenTextFile（Filename, Iomode, Create, Format）	打开 Filename 指定的文本文件，并返回一个 TextStream 对象实例；Iomode 为文本文件的打开方式：1 表示只读，2 表示可写，3 表示附加到后面；Create 表示当文本文件不存在时，是否要建立；Format 为文本文件的格式：-1 表示 Unicode 文本文件，0 表示 ASCII 文本文件，-2 表示采用系统默认值

5.1.1　文件和文件夹的基本操作

文件和文件夹的基本操作大致上是一致的，都包括新建、复制、移动和删除几项基本功能，只是两者的语法略有区别。

（1）文件的复制、移动和删除。

要对文件进行复制、移动和删除，就需要用到 FileSystemObject 对象的关于文件的几个方法：CopyFile、MoveFile、DeleteFile、FileExists。语法分别如下：

复制：FileSystemObject 对象实例.CopyFile source, destination [,overwrite]

移动：FileSystemObject 对象实例.MoveFile source, destination

删除：FileSystemObject 对象实例.DeleteFile source [, force]

文件是否存在：FileSystemObject 对象实例. FileExists（source）

例 5.1：

```
<HTML>
<body>
    <h2 align="center">文件的基本操作</h2>
    <%
```

```
    Dim fso                                    '声明一个 FileSystemObject 对象实例
    Set fso=Server.CreateObject("Scripting.FileSystemObject")
    Dim SourceFile,DestiFile                        '声明源文件和目标文件变量
    '复制文件---将 test.txt 复制为 test2.txt, test.txt 必须先存在
    SourceFile="D:\temp\test.txt"
    DestiFile="D:\temp\test2.txt"
    fso.CopyFile SourceFile, DestiFile                    '复制文件
    '移动文件---将 test2.txt 移动到 temp 文件夹下，应保证 temp 文件夹存在
    SourceFile="D:\temp\test2.txt"
    DestiFile="D:\temp\temp\test2.txt"
    fso.MoveFile SourceFile, DestiFile                    '移动文件
    '删除文件---如果 test2.txt 存在，则将其删除
    SourceFile="D:\temp\temp\test2.txt"
    IF fso.FileExists(SourceFile)=True Then
        fso.DeleteFile SourceFile                    '删除文件
    End If
    %>
</body>
</HTML>
```

（2）文件夹的复制、移动和删除等基本操作。

对文件夹进行复制、移动和删除等基本操作与对文件的操作基本相同，具体的函数名称略有差别，需要用到 FileSystemObject 关于文件夹的几个方法：CreateFolder、CopyFolder、MoveFolder、DeleteFolder、FolderExists。语法分别如下：

新建：FileSystemObject 对象实例. CreateFolder source

复制：FileSystemObject 对象实例. CopyFolder source, destination [,overwrite]

移动：FileSystemObject 对象实例. MoveFolder source, destination

删除：FileSystemObject 对象实例. DeleteFolder source, force

文件夹是否存在：FileSystemObject 对象实例. FolderExists（source）

例 5.2：

```
<HTML>
<body>
    <h2 align="center">文件夹的新建、复制、移动和删除</h2>
    <%
    Dim fso                                '声明一个 FileSystemObject 对象实例
    Set fso=Server.CreateObject("Scripting.FileSystemObject")
    Dim SourceFolder,DestiFolder                    '声明源文件夹和目标文件夹变量
    '新建文件夹---新建 new1 文件夹
    SourceFolder="D:\temp\new1"
    fso.CreateFolder SourceFolder                        '新建文件夹
```

```
    '复制文件夹---将 new1 复制为 new2 文件夹
    SourceFolder="D:\temp\new1"
    DestiFolder="D:\temp\new2"
    fso.CopyFolder SourceFolder, DestiFolder        '复制文件夹
    '移动文件夹---将 new2 文件夹移动到 new1 下
    SourceFolder="D:\temp\new2"
    DestiFolder="D:\temp\new1\new2"
    fso.MoveFolder SourceFolder, DestiFolder        '移动文件夹
    '删除文件夹---如存在,将 new1 文件夹删除
    SourceFolder="D:\temp\new1"
    IF fso.FolderExists(SourceFolder)=True Then
        fso.DeleteFolder SourceFolder               '删除文件夹
    End If
    %>
</body>
</HTML>
```

5.1.2　文本文件的读写

文本文件的读写要用到 TextStream 对象,TextStream 对象用于创建文本文件或者对已经存在的文本文件进行读/写操作。

新建文本文件要用 FileSystemObject 对象的 CreateTextFile 方法。语法如下:

Set TextStream 对 象 实 例 = FileSystemObject 对 象 实 例 .CreateTextFile（filename[,overwrite] [,unicode]）

如果要对已有的文本文件执行读取和追加操作,就要用到 FileSystemObject 对象的 OpenTextFile 方法。语法如下:

Set TextStream 对象实例＝FileSystemObject 对象实例.OpenTextFile（filename[,iomode] [, create] [, format]）

TextStream 对象的属性和方法如表 5.3、5.4 所示。

表 5.3　TextStream 对象的属性

属　　性	描　　述
AtEndOfLine	在 TextStream 文件中,如果文件指针正好位于行尾标记的前面,那么该属性值返回 True,否则返回 False
AtEndOfStream	如果文件指针在 TextStream 文件末尾,则该属性值返回 True,否则返回 False
Column	返回 TextStream 文件中当前字符位置的列号
Line	返回 TextStream 文件中的当前行号

表 5.4　TextStream 对象的方法

方　法	描　述
Close	关闭一个打开的 TextStream 文件
Read	从一个 TextStream 文件中读取指定数量的字符并返回结果（得到的字符串）
ReadAll	读取整个 TextStream 文件并返回结果
ReadLine	从一个 TextStream 文件读取一整行（到换行符但不包括换行符）并返回结果
Skip	当读一个 TextStream 文件时跳过指定数量的字符
SkipLine	当读一个 TextStream 文件时跳过下一行
Write	写一段指定的文本（字符串）到一个 TextStream 文件
WriteLine	写入一段指定的文本（字符串）和换行符到一个 TextStream 文件中
WriteBlankLines	写入指定数量的换行符到一个 TextStream 文件中

（1）文本文件的新建。

语法：

```
Set FileSystem对象实例= Server.CreateObject（"Scripting.FileSystemObject"）
Set TextStream对象实例=FileSystem对象实例.CreateTextFile（filename[,overwrite]）
```

说明：

① 参数 filename 是文件的物理路径。

② Overwrite 表示是否允许覆盖，True 表示可以，False 表示不可以，默认为 False。

③ 新建文件时首先要建立 TextStream 对象，然后利用表 5.4 中介绍的 Write、WriteLine 和 WriteBlankLine 方法向文件中写入字符串。

例 5.3：

```
<HTML>
<body>
  <h2 align="center">新建一个文本文件</h2>
  <%
  Dim fso                              '声明一个 FileSystemObject 对象实例
  Set fso=Server.CreateObject（"Scripting.FileSystemObject"）
  Dim tsm                              '声明一个 TextStream 对象实例
  Set tsm=fso.CreateTextFile（"D:\temp\test.txt",True）
  tsm.WriteLine "这是第一句"             '向文件中写一行内容
  tsm.WriteLine "这是第二句"             '再写一行内容
  tsm.Close                            '关闭 TextStream 对象
  Response.Write "已经成功建立文件，请自己打开查看。"
```

```
    %>
</body>
</HTML>
```

（2）文本文件的读取与写入、追加。

语法：

`Set TextStream 对象 = FileSystem 对象.OpenTextFile（Filename[,Iomode,[Create]]）`

说明：

Filename 指定欲打开的文件名称及其路径。

Iomode 指定打开的文件是只读（ForReading）方式：1 为只读；2 为可写，覆盖所有内容；8 为可添加。默认为 1。

Create 参数指定打开的文件不存在时，是否自行建立新文件。True 为是，False 为否，默认为 False。

读取文件时首先也要建立 TextStream 对象，然后用 Read、ReadAll 和 ReadLine 方法读取即可，同时需要利用 AtEndOfStream 属性判断是否已经到达文件结尾。

例 5.4：

```
<HTML>
<body>
    <h2 align="center">读取已有文本文件</h2>
    <%
    Dim fso                              '声明一个 FileSystemObject 对象实例
    Set fso=Server.CreateObject（"Scripting.FileSystemObject"）
    Dim tsm                              '声明一个 TextStream 对象实例
    Set tsm= fso.OpenTextFile（"D:\temp\test.txt",1,True）
    Do While Not tsm.AtEndOfStream
        Response.Write tsm.ReadLine      '逐行读取，直到文件结尾
        Response.Write "<br>"            '在页面上换行显示
    Loop
    tsm.Close                            '关闭 TextStream 对象
    %>
</body>
</HTML>
```

这个例子可以读取已有的文件，并输出其中的内容。

下面的例子可以追加写入文本文件，自己可以打开查看其中的内容。

例 5.5：

```
<HTML>
<body>
    <h2 align="center">在文本文件中追加内容</h2>
    <%
    Dim fso                              '声明一个 FileSystemObject 对象实例
```

```
    Set fso=Server.CreateObject("Scripting.FileSystemObject")
    Dim tsm                            '声明一个 TextStream 对象实例
    Set tsm= fso.OpenTextFile("D:\temp\test.txt",8,True)
    tsm.WriteLine "这是第三句"              '追加内容
    tsm.Close                          '关闭 TextStream 对象
    Response.Write "已经成功追加，请自己打开查看。"
    %>
</body>
</HTML>
```

5.1.3　File、Folder 和 Driver 对象

1. File 对象

File 对象又称文件对象，一个文件就是一个 File 对象。建立 File 对象的语法如下：

Set File 对象实例=FileSystemObject 对象实例.GetFile(filename)

其中 filename 表示文件的完整路径。

2. Folder 对象

Folder 对象又称文件夹对象，一个文件夹就是一个 Folder 对象。建立 Folder 对象的语法如下：

Set Folder 对象实例=FileSystemObject 对象实例.GetFolder(foldername)

其中 foldername 表示文件夹的完整路径。

3. Drive 对象

Drive 对象又称驱动器对象，一个驱动器就是一个 Drive 对象。建立 Drive 对象的语法如下：

Set Drive 对象实例=FileSystemObject 对象实例.GetDrive(drivename)

其中 drivename 表示驱动器名称。

例 5.6：

```
<%
    Dim fso                                '声明一个 FileSystemObject 对象实例
    Set fso=Server.CreateObject("Scripting.FileSystemObject")
    Response.Write "共有" & fso.Drives.Count & "个驱动器"
    Dim objItem
    For Each objItem in fso.Drives              '下面用循环列出每个驱动器的名称
        Response.Write "<br>驱动器名称: " & objItem.DriveLetter
    Next
    Set fld=fso.GetFolder("C:\Inetpub\wwwroot\ ")
    Response.Write " C:\Inetpub\wwwroot\下子文件夹共" & fld.SubFolders.Count &
"个<br>"
```

```
Set fle=fso.GetFile("d:\temp\test.txt")
    Response.Write "<br>文件名: " & fle.Name
    Response.Write "<br>文件属性: " & fle.Attributes
    Response.Write "<br>路径: " & fle.Path
    Response.Write "<br>大小: " & fle.Size
    Response.Write "<br>创建日期: " & fle.DateCreated
    %>
```

5.2　广告轮显组件

广告轮显组件用于制作交替变换图片效果的 Web 广告。利用广告轮显组件可以把广告放在一个专门的文本文件里面，组件会根据这个文件里的内容将广告内容自动、随机地显示在 Web 页面上。要修改广告内容只需要修改该文本文件即可，不用修改页面的源文件。但是随着 Flash 技术的兴起，广告轮显组件的作用已经不像以前那样突出了。

ASP 的 ADRotator 组件允许在每次访问 ASP 页面时在页面上显示新的广告，并且提供了很强的功能。例如：旋转显示在页面上的广告图像的能力、跟踪特定广告显示次数的能力以及跟踪客户端在广告上单击次数的能力。

5.2.1　ADRotator 组件的属性和方法

ADRotator 组件的属性和方法如表 5.5 所示。

表 5.5　ADRotator 组件的属性和方法

方法或属性	描　　述
GetAdvertisement 方法	从 Rotator 计划文件中获取下一个计划广告的详细说明并将其格式化为 HTML 格式
Border	指定广告边框的大小
Clickable	指定广告是否为超链接
TargetFrame	指定显示广告的框架的名称

大家可直接使用 AdRotator 组件对象属性而不是计划文件中的设置来直接控制某些广告特性。其使用属性的示例如下：

```
<%
Set ad = Server.CreateObject("MSWC.AdRotator")
ad.Border = 0
```

```
ad.Clickable = true
ad.TargetFrame = AdFrame
ad.GetAdvertisement ( "/ads/adrot.txt" )
%>
```

5.2.2 ADRotator 组件的使用

下面通过一个例子来学习 ADRotator 组件的应用方法，这个例子包含 3 个文件：adrot.TXT，adredir.asp，adshow.asp。

例 5.7：ADRotator 组件的工作是通过读取 ADRotator 计划文件来完成的，该文件包括与要显示的图像文件的地点有关的信息以及每个图像的不同属性，下面就是一个标准的 ADRotator 计划文件：

```
---ADROT.TXT---
REDIRECT /scripts/adredir.asp
WIDTH 440
HEIGHT 60
BORDER 1
*
ads/homepage/chinabyte.gif
http://www.csdn.com/
Check out the IT site
2

ads/homepage/gamichlg.gif
-
Sponsored by Flyteworks
3

ads/homepage/asp.gif
http://www.3wschool.com/
Good ASP site on net
3

ads/homepage/spranklg.gif
http://www.clocktower.com/
The #1 Sports site on the net
2
```

该段代码的前四行包含广告的全局设置。REDIRECT 行指出广告将成为其热连接的 URL，注意这里不是为广告本身指定的 URL，而是将调用的页面的 URL，这样用户就可以通过这个中间页面跟踪单击广告的次数。该 REDIRECT URL 将与包含两个参数的查询字符串一起调用特定广告主页的 URL 和图像文件的 URL。星号上面的其余三行简单说明了如何显示广告。前两行以像素为单位指定网页上广告的宽度和高度，默认值是 440 和 60 个像素。后一行，同样是以像素为单位指定广告四周超链接的边框宽度，默认值是 1 个像素。如果将该参数设置为 0，则将没有边框。

星号下面的行以每四行为一个单位描述每个广告的细节。在此例中共有 16 行，描述四个广告。每个广告的描述包含图像文件的 URL、广告的主页 URL（如果广告客户没有主页，就在该行写上一个连字符"-"，指出该广告没有链接）和图像的替代文字以及指定该页与其他页交替显示频率的数值。

图像是重定向页面的热链接，它在查询字符串中设置了 url：url="/scripts/adredir.asp"。要确定广告显示的频率，可以将计划文件中所有广告的权值相加，在该例中总数是 10，那么 w3cshool 的广告权值为 3，这意味着 AdRotator 组件每调用 10 次，它则显示 3 次。

重定向文件是用户创建的文件。它通常包含用来解析由 AdRotator 对象发送的查询字符串的脚本并将用户重定向到与用户所单击的广告所相关的 URL。用户也可以将脚本包含进重定向文件中，以便统计单击某一特定广告的用户的数目并将这一信息保存到服务器上的某一文件中。增加计数器和重定向用户是通过下面两行 ASP 脚本来实现的：

```
adredir.asp:
<%
Counter.Increment ( request.querystring ( "url" ))
response.redirect ( request.querystring ( "url" ))
%>
```

现在我们看一下 ADRotator 组件是如何在页面中使用的，首先必须使用 Server.CreateObject 方法实例化 ADRotator 对象。ADRotator 组件的 PROGID 属性是 MSWC.AdRotator。Adshow.asp 完整的代码如下：

```
Adshow.asp:
< % Set ad = Server.CreateObject ( "MSWC.AdRotator" )%>
< %= ad.GetAdvertisement ( "/ads/adrot.txt" )%>
```

ADRotator 组件支持的唯一方法是 GetAdvertisement，它只有一个参数：AdRotator 计划文件的名称。注意指向文件的路径是从当前虚拟目录的相对路径，物理路径是不允许的。

5.3　文件超链接组件

文件超链接组件可以将一个存储了一些 Web 网站名及其对应 URL 地址的文本文件在 Web 页面里显示成为一组页面导航超链接。比如大家在网上阅读一本电子书，对以下这些链接一定不会陌生：第 1 章、第 2 章、…、上一章、下一章（或前一页、后一页）等。现在要学习的就是如何在这些链接之间利用组件以实现方便快速地跳转。

例 5.8：

首先新建一个链接列表文本文件，如 urllist.txt：

1.asp   第一章 文件操作（File Access 组件）

2.asp   第二章 Content Linking 组件使用示例

3.asp   第三章 浏览器组件

这个文本文件的每行有如下形式的语句：

```
url description comment
```

其中，url 是与页面相关的超链接地址，description 提供了能被超链接使用的文本信息，comment 则包含了不被 Content Linking 组件解释的注释，description 和 comment 参数是可选的。

链接 url 地址和 description 之间用 Tab 键分隔。下面 main.asp 用来列出 urllist.txt 中的所有链接。

```asp
<% @LANGUAGE = VBScript %>
<% Option Explicit %>
<HTML><head><title>Content Linking 组件使用</title></head>
<body>
<h2>目录列表：注意核心链接是第 2 章，你一定要点击它</h2>
<ul>
<%
Dim  NextLink, Count
Set NextLink = Server.CreateObject("MSWC.NextLink")   '建立 Content Linking 组件
Count = NextLink.GetListCount("urllist.txt")    '获取文件 urllist.txt 中链接数目
Dim url, Dscr, I
For I = 1 To Count
url = NextLink.GetNthURL("urllist.txt", I)                    '取得超链接
Dscr = NextLink.GetNthDescription("urllist.txt", I)     '取得文字描述
Response.Write "<li><a href = """ & url & """>" & Dscr & "</a>" & vbcrlf
Next
%>
</ul>
</body>
</HTML>
```

然后，以 2.asp 为例说明如何自动实现上一章和下一章跳转。

```asp
<% @LANGUAGE = VBScript %>
<% Option Explicit %>
<HTML><head><title>这个链接要注意</title></head>
<body>
<p>这里是第 2 章的正文............</p>
<% '每个文件都包含下面这句，就实现了自动链接%>
<!--#include file="jump.asp"-->
</body></HTML>
```

这里最后一句包含文件语句加上去就可以实现自动跳转，核心在 jump.asp 中。

```
<%
Dim NextLink, rank
'当前的链接在 urllist.txt 中位于第几个
Set NextLink = Server.CreateObject ("MSWC.NextLink")
rank = NextLink.GetListIndex ("urllist.txt")
Response.Write "<hr>"
If (rank > 1) Then          'rank = 1 不存在前一页
Response.Write "<a href=""" & NextLink.GetPreviousURL ("urllist.txt") &
""">上一章</a>"
End If
'rank 在最后，则没有下一页
If (rank < NextLink.GetListCount ("urllist.txt")) Then
Response.Write "<a href=""" & NextLink.GetNextURL ("urllist.txt") & """>
下一章</a>"
End If
%>
```

运行这个例子后，你就能真正理解这个组件的作用了，简而言之，就是不需要在每页都写一个"上一章"、"下一章"，完全通过 jump.asp 来完成，简单且方便。相对于手工修改链接，这样做大大提高了工作效率。

5.4　计数器组件

许多的网页都提供了免费计数器，可以记录并显示 Web 页被打开的次数。这种功能利用计数器组件就可以完成，计数器组件包含一个对象 Pagecounter，其创建语法如下：

Set Pagecounter 对象实例 = Server.CreateObject ("MSWC. Pagecounter")

其常用方法如表 5.6 所示。

表 5.6　Pagecounter 对象的常用方法

方　　法	说　　明
Hits	获取指定网页的访问次数。如省略参数，则返回当前网页的访问次数
Pagehits	增加当前网页的访问次数
Reset	设定指定网页的访问次数为 0。如省略参数，则设定当前网页的访问次数为 0

例 5.9：

```
<HTML>
<body>
    <h2 align="center">计数器组件的应用</h2>
    <%
```

```
        Dim count                                '声明一个组件实例变量
        Set count=Server.CreateObject("MSWC.PageCounter")
        count.PageHit                            '将当前网页访问次数加 1
        Dim intVisit
        intVisit=count.Hits()                    '获取当前网页访问次数
        Response.Write "您是第" & intVisit & "位访客"
        %>
</body>
</HTML>
```

5.5   文件上传组件

除了以上介绍的这些组件外，网上大量的免费计数器、免费留言板、免费聊天室、广告交换网等的实现原理都是通过内置或第三方组件来实现许多强大的功能。

比如要实现文件的上传，可以用第三方组件 ASPUpload 来完成。该组件是国际上非常著名的文件上传组件。下载该组件并解包后，会有三十多个文件，分别位于不同目录下。找到 AspSmartUpload.dll 和 AspSmartUploadUtil.dll 这两个文件，在 Web 服务器的命令提示符下分别用"regsvr32.exe aspsmartupload.dll"和"regsvr32.exe aspsmartuploadutil.dll"命令行来注册该组件。注册成功后，就可以像使用 ASP 内置组件一样来使用它。

例如要完成一个文件上传页面，实现 Web 教程页面的上传，就可以使用 ASPUpload 组件。以下是这个页面的相关核心代码：

```
<%
Dim Upload
Dim course,chapter,section
Dim chapter_title,section_title
Dim author,upload_date,page_url
Dim db,str_conn,str_sql
Dim file_save_path
Set Upload = Server.CreateObject("Persits.Upload")
if course="网页制作" then
    file_save_path = Server.MapPath("wangye_pages")
elseif course="Access 数据库" then
    file_save_path = Server.MapPath("access_pages")
else
    file_save_path = Server.MapPath("java_pages")
end if
Count = Upload.Save(file_save_path)
course=upload.Form("course").value
```

```
chapter=upload.Form("chapter").value
section=upload.Form("section").value
chapter_title=upload.Form("chapter_title").value
section_title=upload.Form("section_title").value
author=upload.Form("author").value
page_url=upload.Form("pageurl").value
upload_date = date()
.......
%>
```

5.6　其他三方组件

邮件收发组件 JMail 是由 Dimac 公司开发的邮件收发组件，它不但可以完成收发邮件的工作，还可以 POP 收信，并支持收发邮件时的 PGP 加密，内置一个群发邮件的对象，可以使群发编程更简单。与其他邮件收发组件相比，JMail 的功能更为强大。除了常见的抄送暗送等多收件人功能外，它还支持添加嵌入式图片附件，并且可以从 URL 读取文件作为附件。JMail 的免费版本拥有较为完整的发邮件功能，只对收邮件和加密邮件等不常用到的方面进行了限制。

小　结

本章学习了 ASP 的内置组件和部分第三方组件，重点是文件相关组件。要求掌握文件和文件夹的基本操作，文本文件的创建、读写操作。熟悉一些常用组件的属性和相应的方法，对于第三方组件，通过查阅其相关帮助文档，就能比较方便地调用其属性和方法以增强自己编写页面的效果。

习　题

一、理论题

1. 如何使用文件组件？文件组件提供哪些功能？
2. 打开文件有哪几种方式，有哪些参数？各是什么意义？
3. 如何向已经存在的文件中追加内容？
4. 广告组件的配置文件的功能是什么？
5. 内置组件和第三方组件有什么区别？
6. 从网上下载一个组件 xxx.dll 文件后，应该如何注册该组件？

7. 文件上传组件有哪些属性和方法？功能是什么？

8. 根据自己的喜好，下载一个能使页面发送邮件的组件，研究其帮助文档。

二、实验题

1. 开发一个程序，能实现文件或文件夹的改名。

2. 请在自己的个人主页首页上添加广告轮显组件和计数器组件，实现广告和计数功能。

3. 请试着用文件存取组件开发一个故事接龙网页（提示：可在表单中输入内容，然后添加到一个文本文件中）。

4. 到网上下载一个比较流行的文件上传组件，在个人主页中添加个人影集，可以在线添加照片（提示：可结合使用文件上传和文件存取文件）。

5.（选作）仔细研究 W3 JMail 组件，尝试开发出一个简单的网上邮局系统，包括收信和发信功能。

第 6 章　数据库基础

本章重点

● 在 Access 数据库管理系统中创建数据库、表，建立表之间的关系

● 熟练掌握 SQL 语言常见的数据定义语句，并利用常用的 SQL 数据操纵语句（SELECT、INSERT、UPDATE、DELETE）完成数据相关操作

● 会设置 Access 数据库 ODBC 数据源

本章主要介绍了数据库系统的基础知识，如果读者已经学习过数据库原理等课程，对 Access、SQL Server 或 MySQL、Oracle 有所了解，并已经掌握了 SQL 语言，可以跳过此章，直接进入后续章节的学习。

6.1　数据库概述

要开发基于浏览器/服务器模式的应用，首先要解决网页与数据库的连接问题。

数据库一般按照数据的组织和查询方式加以区分。目前使用最多的是基于关系代数的关系数据库管理系统（RDBMS，如 Access、SQL Server、Oracle 等）。数据按照表存放，一个数据库可以有多个数据表，每个表由行和列组成。表中数据可以通过行和列查询，其使用的语言为结构化查询语言 SQL（Structured Query Language），SQL 是数据库语言的标准。

6.1.1　数据库基础

数据库（Database，DB）是存储在计算机内、有组织的、可共享的数据集合。数据库中的数据按一定的数据模型进行组织和描述，具有较小的冗余度、较高的数据易扩展性和独立性，并可为多个用户所共享。

数据库管理系统（Database Management System，DBMS）是位于用户应用软件与操作系统之间的数据管理软件。

数据管理的发展大致经历过如下阶段：

人工管理：数据没有规范的管理和要求，由人工进行存取、检索数据。

文件管理：将数据存放在文件中，如 dat 文件，遵循一定的格式要求。有部分专门程序来实现数据的添加、删除和查找等。

数据库管理：在该阶段，用户把数据集中存放在一个或多个数据库中，然后通过数据库管理系统来使用数据库中的数据。用户不用关心数据的物理存储位置和格式，也无需自己开

发软件来管理数据，数据的管理工作可以由 DBMS（数据库管理系统）自动完成。这是目前最为流行的数据管理方式。

关系型数据库可以看做很多表格组成的集合，如图 6.1 所示的学生表。

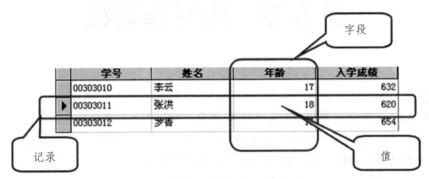

图 6.1   学生情况表

关系型数据库包含以下概念：

字段：即表中的一列，如上表中的"年龄"字段。

记录：即表中的一行，如选中的"张洪"那条记录。

值：行列交叉的地方称为值。比如第二条记录的年龄字段的值为 18。

表：由行列交叉组成的数据集合。

数据库：一个数据库可以包含若干张数据表。而且可以包含触发器，规则、关联等高级元素。

ASP 里操作数据库主要是通过三层模式：由客户端的浏览器向 Web 服务器提出 ASP 页面文件请求（包括数据库的操作），服务器将该页面交给 ASP.DLL 文件进行解释，并在服务器端运行，完成数据库的操作，再把数据库操作的结果生成动态的网页返回给浏览器，浏览器再将该网页内容显示在客户端。其结构如图 6.2 所示。

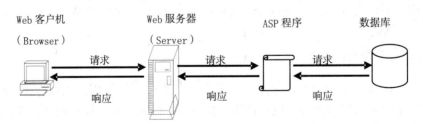

图 6.2   ASP 访问数据库的结构

6.1.2   DBMS 数据库管理系统

大中型关系型数据库管理系统有 SQL Server、IBM DB2、Oracle、SyBase、Informix 等，常用的小型数据库管理系统有 Access、Pradox、Foxpro 等。

在 ASP 中，常用 SQL Server 或 Access 数据库。其中 SQL Server 配置较复杂，移植性较差，但存取效率高，性能较稳定，适合大中型应用；Access 配置简单，移植性好，但性能不稳定，适合中小型应用。

6.2　Access 数据库

6.2.1　Access 2003 简介

Access 2003 是运行于 Windows 2000 或 WindowsXP 等多种操作系统下的一种小型关系数据库管理系统，是微软公司推出的办公自动化套装软件 Office 2003 中的一个重要组件。Access 2003 主要用于关系数据库的管理，较之以前的版本，Access 2003 增加了很多新的功能，其界面更加友好，使用也更加方便。

6.2.2　新建一个数据库

启动 Access 2003 后，屏幕出现一个对话框，选择创建一个空的 Access 数据库或打开一个已经存在的数据库（这里选择空 Access 数据库）。单击"确定"按钮后，出现"文件新建数据库"对话框，如图 6.3 所示。

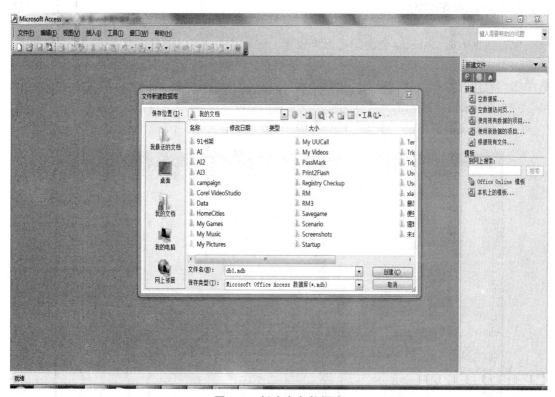

图 6.3　新建空白数据库

6.2.3　新建空白数据表

在"数据库"窗口中，直接双击"使用设计器创建表"，如图 6.4 所示，出现"表设计器"对话框。

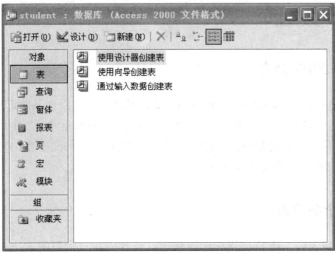

图 6.4   新建空白数据表

6.2.4   设置表的主键

保存数据表时，Access 会询问是否要创建主键。用户也可以自行创建主键，其步骤如下：

（1）在"数据库"窗口中，单击"表"选项卡，然后在右下栏的窗口中选中要打开的表，再单击"设计"按钮，就打开了"表设计器"窗口。

（2）在"表设计器"窗口中，选中欲作为主键的字段（如果有多个字段，要按下"Ctrl"键）。

（3）单击工具栏中的"主键"按钮，如图 6.5 所示。

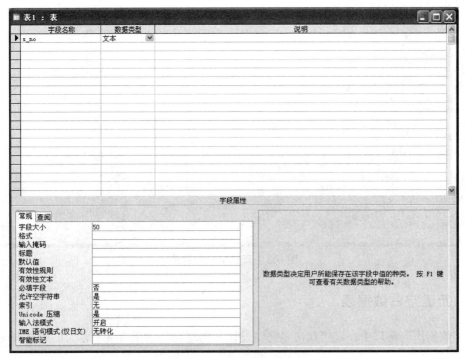

图 6.5   设置数据表主键

6.2.5   操作表中的数据

启动 Access 2003 并打开指定的数据库文件，然后单击"表"选项卡，在右下栏的窗口中右击要打开的表，并从弹出的菜单中选择"打开"选项，就可以显示所有记录，如图 6.6 所示，可以在该界面中直接插入、修改和删除记录中的数据。

s_no	s_name	s_sex	s_birthday	s_department
20041051208	张三	男	1985-3-5	电子系
20052051208	刘语	女	1986-9-5	计算机系
20052061212	李军	男	1985-5-6	电子系
20052091240	王霞	女	1984-6-5	计算机系

图 6.6   操作表中数据

6.3   创建数据源

6.3.1   创建 ODBC DSN

后面章节将介绍通过 ADO 访问数据库的方法。访问数据库首先就要连接到数据库，因此在创建数据库脚本之前，必须提供一条使 ADO 定位、标识数据库并与数据库通信的途径。数据库驱动程序使用 Data Source Name（DSN）定位和标识特定的 ODBC 兼容数据库，将信息从 Web 应用程序传递给数据库。在典型情况下，DSN 包含数据库配置、用户安全性和定位信息，且可以获取 Windows NT 注册表项中或文本文件的表格。

通过 ODBC，用户可以选择希望创建的 DSN 类型：用户、系统或文件。用户和系统 DSN 存储在 Windows NT 注册表中。系统 DSN 允许所有的用户登录到特定的服务器上去访问数据库，而用户 DSN 使用适当的安全身份证明限制数据库到特定用户的连接。文件 DSN 用于从文本文件中获取表格，提供了对多用户的访问，并且通过复制 DSN 文件，可以轻易地从一个服务器转移到另一个服务器。

创建系统 DSN 的具体步骤如下：

点击 Windows 的"开始"菜单，打开"控制面板"，然后打开"管理工具"，就可以创建基于 DSN 的文件。双击"ODBC"图标，就可以打开如图 6.7 所示的窗口，然后选择"系统 DSN"属性页，单击"添加"，选择数据库驱动程序，然后单击"下一步"，按照后面的指示配置适用于用户自己的数据库软件的 DSN。

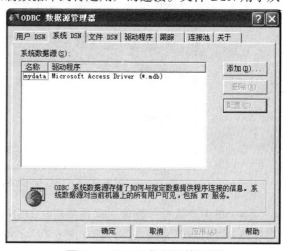

图 6.7   ODBC 数据源管理器

6.3.2　创建 Access 2003 数据源

（1）打开"ODBC 数据源管理器"并选择"系统 DSN"选项卡。

（2）单击"添加"按钮，出现"创建新数据源"窗口，如图 6.8 所示。

图 6.8　创建新数据源窗口

（3）为该数据源指定适当的驱动程序，这里选择"Microsoft Access Driver（*.mdb）"。单击"完成"按钮，出现"ODBC Microsoft Access 安装"窗口，如图 6.9 所示。

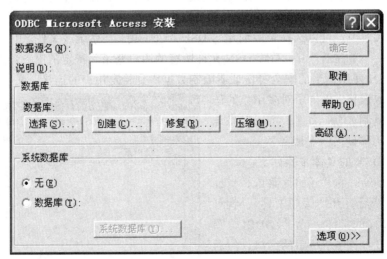

图 6.9　ODBC Microsoft Access 安装窗口

（4）单击"选择"按钮，选择要建立 DSN 的数据库。

（5）以上步骤完成之后，在如图 6.7 所示的 ODBC 数据源管理器中就会出现自己创建的数据源名称。

6.4 SQL 语言

SQL 是 Structrue Query Language 的缩写，它是一种标准的关系型数据库查询语言。通过 SQL 语句的执行可以对数据库内容（表及记录）进行定义、修改或查询。SQL 语言可分为两类：一类是与数据定义有关的称为 DDL（Data Define Language）数据定义语言；另一类则是与表内的记录存取有关的称为 DML（Data Manipulation Language）数据处理语言。

6.4.1 DDL 数据定义语言

DDL 语言是与处理数据库内数据有关的语句，其指令范围包含自定义数据类型、添加表、修改表、建立表索引、设置 Primary Key 等操作。

常见的如 CREATE DATABASE、CREATE TABLE、ALTER TABLE、DROP TABLE、CREATE VIEW、ALTER VIEW、DROP VIEW 等都是 DDL 语句，关于 DDL 语言的具体知识读者可以参考专门的 SQL 语言书籍。

6.4.2 DML 数据操作语言

DML 语言主要是用来处理与数据表记录内容有关的操作，如记录的查询、添加、修改及删除等。

（1）查询语句——SELECT。

查询语句是最为复杂的也是功能最强大的 SQL 语句，它是 SQL 语言的核心，作用是从数据库中检索数据，并将查询结果提供给用户。

查询语句 SELECT 的语法格式如下：

```
SELECT 筛选条件
FROM 表名
[WHERE 搜索子句]
[ORDER BY 排序子句 [ASC | DESC]]
```

例如，要在 USER 表中查询登录名为 admin，登录密码为 xia 的用户，可以执行下面的 SELECT 语句：

```
SELECT *                        '*号表示选择符合条件的记录的所有字段
FROM USER                       '从当前数据库名称为 USER 的表中查询记录
WHERE USER_NAME="admin" AND PASSWORD="xia"      '设置查询条件
```

除此之外，若需要对筛选出来的记录按递增或递减顺序进行排序，则需要加上 ORDER BY 排序子句。语法如下：

```
SELECT…FROM…ORDERBY…（排序）
```

例如：

```
SELECT * FROM 成绩单 ORDER BY 语文 ASC
SELECT * FROM 成绩单 ORDER BY 语文 DESC, 数学 DESC
```

如果符合查询条件的记录有很多，但用户并不需要看到全部的记录，只是想看看前几条记录，那么需要加上 TOP 语法来设置最多返回记录的条数。语法如下：

```
SELECT TOP…语法（设置最多返回条数）
```

例如：

```
SELECT TOP 5 * FROM 成绩单 ORDER BY 语文 DESC
SELECT TOP 50 PERCENT * FROM 成绩单  ORDER BY 语文 DESC
```

（2）添加语句——INSERT。

如果要向 USER 表中插入一条新记录，则可以执行 INSERT INTO 语句。INSERT 语句可以在表内插入新的记录，其语法如下：

```
INSERT INTO 表名（字段列表）VALUES（数据列表）
```

例如：

```
INSERT INTO USER                     '插入新记录到 USER 表中
VALUES（"00002","WWW","HTML"）        '顺序列出新记录三个字段的值
```

（3）删除语句——DELETE。

如果要从表中删除一条记录，则可以执行 DELETE 语句。SQL 语句的 DELETE 语句可以删除表内现有的记录，其语法如下：

```
DELETE * FROM 表名 WHERE 条件
```

例如：

```
DELETE
FROM  USER                     '准备从 USER 表中删除满足条件的记录
WHERE  USER_NAME = "mm"         '设置删除条件
```

（4）修改语句——UPDATE。

如果要更新某一条记录，可以执行 UPDATE 语句。SQL 语句的 UPDATE 语句可以更新表内现有的记录，其语法如下：

```
UPDATE 表名 SET 字段=数据 WHERE 条件
```

例如：

```
UPDATE USER                '指定将要被更新的表的名称
SET PASSWORD="XML"          '将符合条件的记录的 PASSWORD 字段值设为 XML
WHERE USER_NAME="WWW"       '设置查询条件
```

以上只是对 SQL 语言的一个初步认识。事实上 SQL 语言是一门功能强大的数据库操作语言，其语句也远比上面所列举的要复杂得多，有时一条精彩的 SQL 语句可以让程序的执行效率得到质的飞跃。有关 SQL 语言的知识读者可以参考专门书籍。

小 结

本章的重点和难点：一是 SQL 语言，它是通用的关系型数据库查询语言，需要重点掌握，数据库编程也是 ASP 网络程序设计的重点，因此要求认真掌握 SQL 语句；另一个是建立 ODBC 数据源的方法。

另外，本章只介绍了满足后续 ASP 编程需要的 Access 和 SQL 语句基础知识，读者如果

要深入学习数据库编程，请自行查阅数据库原理、SQL 语句的相关书籍。

习　题

一、理论题

1. 简述数据库的发展过程。

2. 什么是 SQL 语句？简述 SQL 语句的分类。

3. 分组查询的功能是什么？其使用应注意哪些方面？

4. 简述 Access 2003 的特点，建立 Access 数据源的方法。

5. 简述 SQL Server 的特点。

二、实验题

1. 请按本章介绍的步骤建立自己的数据库 address.mdb，并为其设置数据源 mydsn。

2. 建立一个网址导航数据库 Weblink.mdb，用来存放网站的有关数据。按以下步骤完成，保存在 d:\myWebapp\Weblink.mdb。

第一步：建立一张表 link，表的结构如图 6.10 所示。

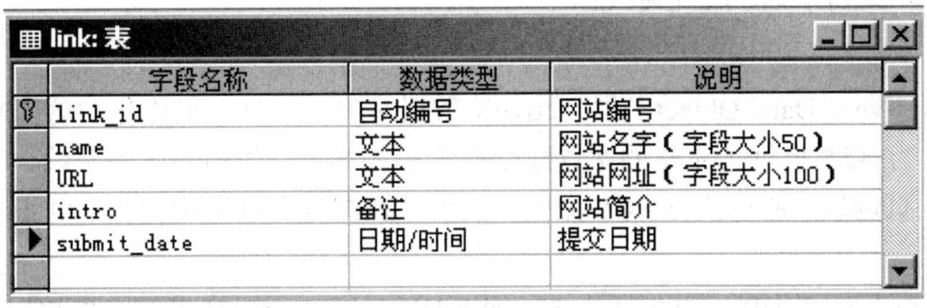

字段名称	数据类型	说明
link_id	自动编号	网站编号
name	文本	网站名字（字段大小50）
URL	文本	网站网址（字段大小100）
intro	备注	网站简介
submit_date	日期/时间	提交日期

图 6.10

第二步：建立完毕后，请输入如图 6.11 所示的记录。

link_id	name	URL	intro	submit_date
1	新浪	www.sina.com.cn	中国门户网站	2003-11-28
2	搜狐	www.sohu.com	搜索引擎	2003-10-30
7	网易	www.netease.com	社区网站	2003-9-17
自动编号）				

记录：｜◄｜ ◄｜ 　　　　4　｜ ► ｜►｜｜►*｜ 共有记录数：4

图 6.11

第三步：为该数据库设置数据源 sitelink。

第 7 章　ASP 存取数据库编程

本章重点

- 熟悉 ADO 中三大对象：Connection、Recordset、Command 的概念和相互关系
- 会用 ODBC 驱动程序或 OLE DB 链接字符串实现数据库访问与有关操作
- 熟练掌握 Connection、Recordset 对象常用的属性和方法
- 会使用 ADO 几大对象完成数据库中数据的存取、显示、查找等
- 运用 Recordset 对象的属性和方法实现记录集的分页显示
- 能完成多个表的组合查询

7.1　ADO 组件编程模型

ADO（ActiveX Data Object）即 ActiveX 数据对象，它是一组优化的访问数据库的专用组件对象集，为 ASP 提供了完整的站点数据库解决方案。它作用在服务器端，能提供含有数据库信息的主页内容，通过执行 SQL 命令，让用户在浏览器画面中输入、更新和删除站点数据库的信息。

ADO 是基于 OLE DB 上发展起来的。OLE DB 是微软公司推出的一项数据访问技术，这项技术允许访问所有类型和大小的数据资源，不仅是数据库。例如，可以使用 OLE DB 访问一个 SQL 数据库，一个 Exchange 信箱，一个文档检索系统。这种级别的灵活性与 ODBC 提供的灵活性是同一类的，只是范围更大。

ADO 中共含 7 个对象和 4 个数据集合，分别如表 7.1 ~ 7.2 所示。

表 7.1　ADO 对象及说明

对　象	功能说明
Connection（连接对象）	用于创建数据源与 ADO 接口之间的连接
Command（命令对象）	表示一个提交给数据源的命令，传递指定的 SQL 命令
RecordSet（记录集对象）	表示从数据源返回的结果集
Field（字段对象）	表示一个记录集中的某个字段
Parameter（参数对象）	用来向 SQL 语句中传递参数，常用于存储过程中
Property（属性对象）	指明一个 ADO 对象的属性
Error（错误对象）	用来记录连接过程中所有的错误信息，每出现一个错误就会有一个或多个 Error 对象被存放到 Connection 对象的 Errors 集合中

表 7.2　ADO 数据集合及说明

数据集合	功能说明
Fields 数据集合	所有 Field 对象的集合，这个集合与一个 RecordSet 对象的所有字段关联
Parameters 数据集合	所有 Parameter 对象的集合，这个集合与一个 Command 对象关联
Properties 数据集合	所有 Property 对象的集合，这个集合与 Connection、RecordSet、Command 等对象关联
Errors 数据集合	包含在响应单个失败（涉及提供者）时产生的所有 Error 对象，这个集合中的 error 对象集合用来响应一个连接（Connection）上的所有错误

ADO 各对象与集合之间的关系可用如图 7.1 所示的 ADO 对象模型来表示。

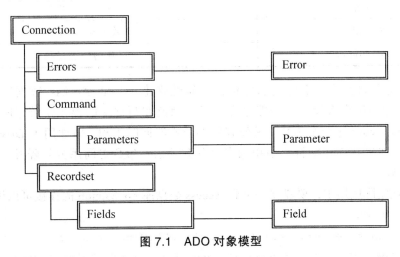

图 7.1　ADO 对象模型

ADO 中最重要的对象包括 Connection、Recordset 和 Command，它们的主要功能如下：
- Connection 对象：负责打开或连接数据库文件；
- Recordset 对象：存取数据库的内容；
- Command 对象：对数据库下达行动查询指令，以及执行 SQL Server 的存储过程。

7.2　Connection 对象

Connection 对象用来与数据库建立连接，只有通过 Connection 对象建立了与数据源的连接，才能利用 Command 对象或 Recordset 对象来对数据库进行各种操作。

7.2.1　创建 Connection 对象

在 ADO 中，建立 Connection 对象需要用到 Server 对象的 CreateObject 方法，其语法如下：

```
Set  Connection对象名= Server.CreateObject("ADODB.Connection")
```

建立了 Connection 对象之后，就可以利用该 Connection 对象的 Open 方法，打开一个数据库并与其建立连接。语法如下：

Connection 对象名.Open 连接字符串常量或变量

在设计连接字符串时通常会用到如表 7.3 所示中的几个参数。

表 7.3　数据库连接字符串参数表

参　　数	参数说明
User	登录数据库时所用的账号
Password	指定账号对应的登录密码
Driver	指定该数据库类型的驱动程序
Dbq	数据库的物理路径
Provider	数据提供者
Data Source	数据库的物理路径

表中所提供的参数并不会全部用到，比如说要建立一个 Access 数据库连接，由于 Access 数据库一般没有设置登录账号和密码，因此在写这样的连接字符串时，就不会用到 User 和 Password 这两个参数。另外有些参数不能同时出现，假如用了 Driver 一般就不用 Provider。如果在连接字符串中用到多个参数的话，参数之间用分号隔开，参数的先后顺序没有影响。

例如，在实际应用中，要建立一个到 Access 数据库 books.mdb 的连接可以用下述方法：

```
<% Dim dbConn
Set dbConn = Server.CreateObject ("ADODB.Connection")
dbConn.Open "Dbq= D:\wangyesheji\chap_5\books.mdb;Driver={Microsoft Access
Driver (*.mdb)}"
%>
```

但是如果要将此 Web 应用程序从一台服务器移植到另外一台服务器，除了需要将所有的文件都拷贝到目标服务器上之外，还必须保证数据库文件 books.mdb 的物理路径为 "D:\wangyesheji\ chap_5\books.mdb"，这将降低程序的可移植性。

由于 Server 对象的 Mappath 方法可以将文件的虚拟路径转化为其真实的物理路径，因此可将上面的代码修改如下：

```
<%
Dim dbConn, dir
Set dbConn = Server.CreateObject ("ADODB.Connection")
dir = Server.Mappath ("books.mdb")
dbConn.Open "Dbq=" & dir & ";Driver={Microsoft Access Driver (*.mdb)}"
%>
```

要切断数据库连接可以使用 Connection 对象的 Close 方法，语法如下：

Connection 对象名.Close

例 7.1：建立数据库连接典型实例。

```
<HTML>
<HEAD>
<TITLE>asp 与 Access 数据库建立连接</TITLE>
</HEAD>
<BODY>
<%
Dim DbConn,dir
On Error Resume Next
Set DbConn = Server.CreateObject ( "ADODB.Connection" )
dir=Server.Mappath ( "books.mdb" )
DbConn.open  "Dbq=" & dir & ";Driver={Microsoft Access Driver ( *.mdb ) }"
if DbConn.State = 1 then
    Response.Write "DbConn 与数据库连接成功"
    DbConn.Close
else
    Response.Write "DbConn 对象的执行过程产生错误! "
end if
Set DbConn = Nothing
%>
</BODY>
</HTML>
```

7.2.2　Connection 对象的属性

Connection 对象的属性如表 7.4 所示。

表 7.4　Connection 对象的属性

属性	属性说明
ConnectionString	指定数据库连接字符串
ConnectionTimeout	设置 Open 方法的最长执行时间
CommandTimeout	设置 Execute 方法的最长执行时间
CursorLocation	控制游标类型
DefaultDatabase	指定 Connection 对象的缺省数据库
IsolationLevel	指定 Connection 对象事务处理的时机
Mode	设置数据连接的权限
Provider	数据提供者
Version	ADO 对象的版本信息

（1）ConnectionString 属性。

在用 Connection 对象的 Open 方法打开一个数据库连接时，一般将数据库连接字符串作为 Open 方法的参数，例 7.1 就是这样实现的。也可以这样做：先将连接字符串赋给 Connection 对象的 ConnectionString 属性，然后再使用 Open 方法打开连接。例如：

```
<%
Dim dbConn, dir
Set dbConn = Server.CreateObject ( "ADODB.Connection" )
dir = Server.Mappath ( "books.mdb" )
dbConn.ConnectionString = "Dbq=" & dir & ";Driver={Microsoft Access Driver(*.mdb)}"
dbConn.Open
%>
```

（2）ConnectionTimeout 属性。

用于设定 Connection.Open 方法的最长执行时间，其默认值为 15 秒，表示如果在 15 秒内，数据库还没有被正确连接上，就停止执行 Open 方法。如果服务器比较慢，可以将连接时间设置得长一些，例如：

```
<% dbConn.ConnectionTimeout = 30 %>
```

注意：如果将 ConnectionTimeout 属性值设置为 0，则表示不限定连接时间，服务器会一直等待，直到连接上为止。

（3）CommandTimeout 属性。

与 ConnectionTimeout 属性类似，CommandTimeout 属性用于设定 Connection.Execute 方法的最长执行时间，其默认值为 30 秒。如果服务器比较慢，可以将连接时间设置得长一些，例如：

```
<% dbConn.CommandTimeout = 45 %>
```

同样，如果将 CommandTimeout 属性值设置为 0，则表示不限定操作执行时间。

（4）Mode 属性。

Mode 属性用来设置连接数据库的方式，比如将数据库以只读方式打开。Mode 属性的取值如表 7.5 所示。

表 7.5　Mode 属性取值表

Mode 常量	整数值	属性说明
AdModeUnknown	0	默认值。表明权限尚未设置或无法确定
AdModeRead	1	表明权限为只读
AdModeWrite	2	表明权限为只写
AdModeReadWrite	3	表明权限为读/写
AdModeShareDenyRead	4	防止其他用户使用读权限打开连接
AdModeShareDenyWrite	5	防止其他用户使用写权限打开连接
AdModeShareExclusive	6	防止其他用户打开连接
AdModeShareDenyNone	7	防止其他用户使用任何权限打开连接

例 7.2：建立一个以只读方式打开的数据库连接。

```
<%
Dim dbConn
Set dbConn = Server.CreateObject("ADODB.Connection")
dbConn.Mode=1
dbConn.Open "book"
%>
```

7.2.3　Connection 对象的方法

Connection 对象的方法如表 7.6 所示。

表 7.6　Connection 对象的方法

方法	方法说明
Open	建立连接
Close	断开连接
Execute	执行数据库操作（执行 SQL 语句）
BeginTrans	开始事务处理
CommitTrans	提交事务处理
RollbackTrans	回滚事务处理

Open 方法和 Close 方法已在前面介绍。Execute 方法主要用于执行数据库操作语句，语法如下：

Connection 对象名.Execute SQL 数据库操作字符串

例 7.3：利用 Connection 对象的 Execute 方法从 User 表中删除用户名为 xia 的记录。

```
<%
...
dbConn.Execute "delete from user where username='xia'"
%>
```

由于 SQL 语句功能非常强大，因此利用 Connection 对象的 Execute 方法能够完成几乎所有的数据库操作。Execute 方法一般要与后面将要介绍的 Recordset 对象结合起来使用。本章例子中用户注册页面 "register.htm" 如图 7.2 所示，提供一个新用户注册表单，用户提交表单后，表单信息提交给页面 "register.asp" 处理，在 "register.asp" 页面中使用了 Execute 方法向用户表中添加记录，完整代码如下：

```
<%
Dim user_name,password,user_course,register_date
Dim db,str_conn,str_sql
user_name = request.Form("user_name")
password = request.Form("password")
```

```
user_course = request.Form("course")
register_date = date
Set db = Server.CreateObject("ADODB.Connection")
str_conn = "DBQ=" & Server.MapPath("books.mdb") & ";Driver={Microsoft
Access Driver(*.mdb)}"
str_sql = "insert into user(user_name,password,user_course,register_date)
values('"& user_name &"','"& password & "','"& user_course &"','" &
register_date & "')"
db.Open str_conn
db.Execute str_sql
   db.Close
response.Write register_date
%>
```

图 7.2　注册页面 register.htm

另外，可以为在线管理功能模块设计一个文件上传页面，如图 7.3 所示。该页面不仅能将新制作的教程页面上传到远程服务器，还能在服务器后台数据库中加入相应的数据信息。该功能的实现同样也是使用了 Connection 对象的 Execute 方法。具体代码留给读者自己思考。

图 7.3　上传页面

7.3　Command 对象

Command 对象定义将对数据源执行的指定命令，这些命令可以是 SQL 语句、表名、存储过程或其他数据提供者支持的文本格式。Command 对象的作用相当于一个查询。使用 Command 对象可以查询数据库并返回记录集，也可执行大量操作或处理数据库结构。

用 Command 对象执行查询的方式与用 Connection、Recordset 对象执行查询的方式一样，但使用 Command 对象可以改善查询。用 Command 对象的参数查询，可先在数据源上准备一种查询方式，然后用不同的值来重复执行查询，以避免重复发出类似的 SQL 查询语句。

7.3.1　创建 Command 对象

创建 Command 对象的语法如下：

```
Set Command 对象=Server.CreateObject ("ADODB.Command")
```

然后，可用 ActiveConnection 属性指定要利用的 Connection 对象名称，语法如下：

```
Command 对象.ActiveConnection=Connection 对象
```

1. 通过 Connection 对象创建 Command 对象

每个 Command 对象都有一个相关联的 Connection 对象。在创建 Command 对象之前，一般应该先建立 Connection 对象。

通过 Connection 对象创建 Command 对象，如下例所示。

```
<%
Dim conn,cmd
Set conn= Server.CreateObject ("ADODB.Connection")    '创建 Connection 对象 conn
conn.Open "booknetdsn","sa",""                '使用 DSN 建立 conn 与数据库的连接
Set cmd= Server.CreateObject ("ADODB.Command")      '创建 Command 对象 cmd
cmd.ActiveConnection=conn       '将 Connection 对象 conn 指定给 Command 对象 cmd
%>
```

2. 直接创建 Command 对象

Command 对象也可以不先创建 Connection 对象就直接使用，只需设置 Command 对象的 ActiveConnection 属性为一个连接字符串即可。此时，ADO 会自行创建一个隐含的 Connection 对象，但并不给它分配一个对象变量。

注：创建 Command 对象的过程中，如果没有把 ActiveConnection 属性设置为一个明确的 Connection 对象，即使使用相同的连接字符串，ADO 也会为每个 Command 对象创建一个新的连接。

不通过 Connection 对象直接创建 Command 对象，如下例所示。

```
<%
Dim cmd
Set cmd= Server.CreateObject ("ADODB.Command ")
```

```
cmd. ActiveConnection= "addr"
%>
```

7.3.2　Command 对象的属性

Command 对象的属性及其相关说明如表 7.7 所示。

表 7.7　Command 对象的属性

属　性	说　明
ActiveConnection	指定 Connection 的连接对象
CommandText	指定数据库的查询信息
CommandType	指定数据查询信息的类型
CommandTimeout	Command 对象的 Execute 方法的最长执行时间
Prepared	指定数据查询信息是否要先行编译、存储

1. ActiveConnection 属性

该属性设置或返回 Command 对象的连接信息，该属性可以是一个 Connection 对象或连接字符串。其语法为：

Command 对象.ActiveConnection=Connection 对象

如果没有明确建立 Connection 对象，则其语法为：

Command 对象.ActiveConnection=数据源名称字符串

2. CommandText 属性

该属性设置或返回对数据源的命令串，这个串可以是 SQL 语句、表、存储过程或数据提供者支持的任何特殊有效的命令文本。其语法如下：

Command 对象.CommandText=SQL 语句或数据表名或查询名或存储过程名

注：如果为 CommandText 属性指定的是数据表名，则将查询和返回整个数据表中的所有内容。

3. CommandType 属性

该属性用于指定 Command 对象中数据查询信息的类型，其语法如下：

Command 对象.CommandType=类型值

CommandType 属性的取值及其相关说明如表 7.8 所示。

表 7.8　CommandType 属性的取值及说明

CommandType 属性	整数值	说　明
adCmdText	1	SQL 命令类型
adCmdTable	2	数据表名
adCmdStoredProc	4	查询名或存储过程名

续表 7.8

CommandType 属性	整数值	说　　明
adCmdUnknown	8	未知的。CommandText 参数类型无法确定
adExecuteNoRecords	128	不返回记录集的命令或存储过程
adCmdFile	256	已存在的记录集的文件名
adCmdTableDirect	512	CommandText 是一个表，在查询中返回该表的全部行和列

为 Command 对象指定 CommandType 值，如下例所示：

```
<%
…
Set cmd= Server.CreateObject ( "ADODB.Command " )
cmd. ActiveConnection=conn
cmd.CommandType=1
cmd.CommandText="Select * From users"
cmd.CommandType=2
cmd.CommandText="users"
%>
```

注：在未指定 CommandType 值的情况下，系统会自行判定数据查询信息的类型。指定 CommandType 值可以节省系统判定过程的时间，加快系统运行的速度。

4. CommandTimeout 属性

该属性设置执行一个 Command 对象时的等待时间，默认值是 30 秒。如果在这个时间内 Command 对象没有执行完，则终止命令并产生一个错误。

5. Prepared 属性

该属性指出在调用 Command 对象的 Execute 方法时，是否将查询的编译结果存储下来。如果将该属性设为 True，则会把查询结果编译并保存下来，这样将影响第一次的查询速度，但一旦数据提供者编译了 Command 对象，数据提供者在以后的查询中将使用编译后的版本，从而极大地提高速度。其语法如下：

```
Command 对象.Prepared=布尔值
```

7.3.3　Command 对象的方法

Command 对象的方法及其相关说明如表 7.9 所示。

表 7.9　Command 对象的方法及说明

方　　法	说　　明
Execute	执行数据库查询（可以执行各种操作）
CreateParameter	用来创建一个 Parameter 子对象
Cancel	取消一个未确定的异步执行的 Execute 方法

7.3.4 Command 对象的基本用法

使用 Command 对象有几个重要的步骤：创建 Command 对象、指定数据库连接对象、指定 SQL 指令和引用 Execute 方法。

（1）创建 Command 对象：与连接数据库一样，运用 Command 对象之前，首先必须引用 CreateObject 创建其对象实体，设定对象的识别名称，如：

```
Dim objCommand
Set objCommand =Server.CreateObject ( "ADODB.Command" )
```

其中的 objCommand 为所要创建的 Command 对象名称，应用程序在对象实体创建之后，以此作为名称识别。

（2）指定数据库连接对象：Command 对象以特定连接为基础，针对连接的数据库进行存取操作，应用程序必须设置 Command 对象所要存取的数据库连接对象。

（3）SQL 指令：Command 对象本身并不具备数据变动的功能，其主要的功能在于将指定的 SQL 语句传送至数据库，由数据库根据传送过来的 SQL，进行数据存取操作，ASP 网页则负责将特定的 SQL 指定给 Command 对象。

（4）引用 Excute 方法：当 Command 对象相关设定完成之后，最后只需引用方法 Execute 即可将指定的 SQL 通过连接对象，传送至服务器数据库作处理。

例 7.4：使用 Command 对象读取数据库中内容，程序运行效果如图 7.4 所示。

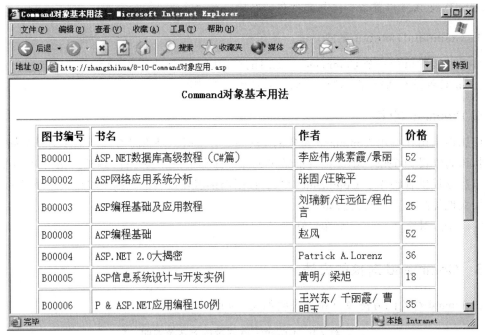

图 7.4　使用 Command 对象读取数据库中内容

（1）首先确定 adovbs.inc 文件在应用程序的当前目录中。

（2）在 SQL 中建立本例中的 Book 表的结构视图，如图 7.5 所示。

（3）在 SQL 中填写本例中的 Books 表的数据内容，如图 7.6 所示。

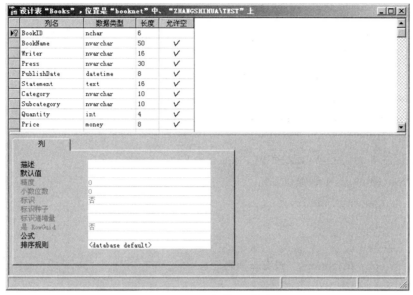

图 7.5　Book 表的设计视图

图 7.6　Books 表的内容

（4）编写下面的 ASP 程序并运行。

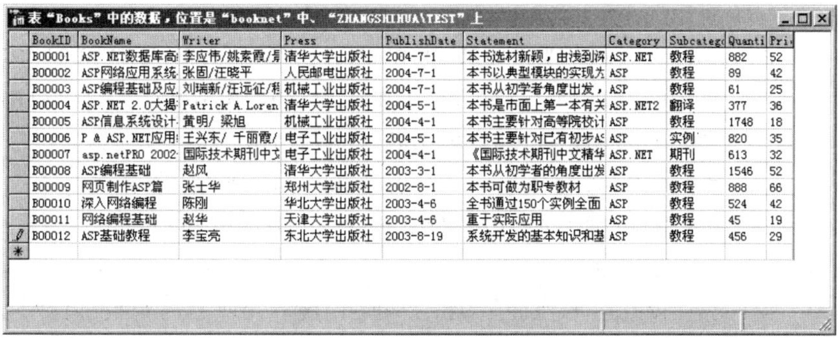

```
<%@ Language=VBScript %>
<!--#include file="adovbs.inc"-->
<% Response.Buffer = True %>
<HTML>
<TITLE>Command 对象基本用法</TITLE>
<HEAD>
<%
sub rs_Display ( )
    dim strConn
'创建 Connection 对象 conn
Set conn=Server.CreateObject ( "ADODB.Connection" )
'使用 DSN 建立 conn 与数据库的连接
strConn="Driver={SQL
```

```
Server};Database=booknet;Server=ZHANGSHIHUA\TEST;UID=sa;PWD=;"
    conn.Open strConn
    '创建 Command 对象 cm
    Set cm=Server.CreateObject("ADODB.Command")
    '将 Connection 对象 conn 指定给 Command 对象 cm
    Set cm.ActiveConnection=conn

      cm.CommandText="SELECT * FROM Books"
      cm.CommandType=adCmdText
       Set rs = cm.Execute

      if rs.EOF then
          Response.Write "没有查询到记录!"
          exit sub
      end if

            Response.Write "<TABLE BORDER=1 CELLSPACE=0 CELLPADDING=5>" &_
                "<TR HEIGHT=12><TD WIDTH=70><B> 图书编号 </B></TD>" &_
                "<TD WIDTH=300><B> 书名 </B></TD>" &_
                "<TD WIDTH=150><B> 作者 </B></TD>" &_
                "<TD WIDTH=40><B> 价格 </B></TD></TR>"
        do Until rs.EOF
            Response.Write "<TR HEIGHT=12><TD WIDTH=70>" & rs("BookID") & "</TD>" &_
                "<TD WIDTH=300>" & rs("BookName") & "</TD>" &_
                "<TD WIDTH=150>" & rs("Writer") & "</TD>" &_
                "<TD WIDTH=40>" & rs("Price") & "</TD></TR>"
            rs.MoveNext
        loop
        Response.Write "</TABLE>"

    rs.Close
    conn.Close
end sub
%>
<BODY>
<Center><H4>Command 对象基本用法</H4>
<Hr>
<%
    call rs_Display()
```

```
%>
</Center></BODY>
</HTML>
```

7.3.5　参数查询

如果要创建一个使用多次但每次使用不同值的查询，那么应在查询中使用参数，即创建参数查询。参数是查询时所提供值的占位符，它将 WHERE 子句中固定值用 "?" 来代替，被称作占位符。这样就避免了在每次查询中重新建立 SQL 查询语句。

一个 Parameter 对象就是一个参数，Parameters 集合就是若干个参数的集合。Parameter 对象和 Parameters 集合都有各自的属性和方法。

1. Parameters 集合的属性和方法

Command 对象包含一个 Parameters 集合。Parameters 集合包含参数化的 Command 对象的所有参数，每个参数信息由 Parameter 对象表示。Parameters 集合的属性和方法及其相关说明如表 7.10 所示。

表 7.10　Parameters 集合的属性和方法

名　　称	说　　明
Count 属性	返回 Command 对象的参数个数
Append 方法	增加一个 Parameter 对象到 Parameters 集合中
Delete 方法	从 Parameters 集合中删除一个 Parameter 对象
Item 方法	取得集合内的某个对象
Refresh 方法	重新整理 Parameters 数据集合

2. 创建 Parameter 对象

要执行一个参数查询，必须先调用 CreateParameter 方法创建一个 Parameter 对象，然后调用 Append 方法将其添加到 Parameters 集合中，再将值赋给参数。创建 Parameter 对象的语法如下：

```
Set Parameter 对象=Command 对象.CreateParameter(Name,Type,Direction,Size,Value)
```

其中 Name 表示参数名；Type 表示参数类型；Direction 表示参数的数据流向；Size 表示字符参数串长度；Value 表示参数的值。

创建 Parameter 对象的过程中，参数类型由 Type 来定义，它常用的取值及其相关说明如表 7.11 所示。

表 7.11　Type 的取值范围

常　　量	值	说　　明
adBigInt	20	八位符号整数
adBinary	128	二进制值
adBoolean	11	布尔值

续表 7.11

常　量	值	说　明
adBSTR	8	以空值结束的 Unicode 字符串
adChar	129	字符串值
adCurrency	6	货币值，8 字节长
adDate	7	日期值
adDBDate	133	日期值，格式是：yyyymmdd
adBDTime	134	时间值，格式是：hhmmss
adDecimal	14	有固定精度的数值
adDouble	5	双精度浮点值
adEmpty	0	无指定值
adError	10	32 位错误码
adInteger	3	四位符号整数
adIUnknown	13	指向 OLE 对象的 IUnknown 接口指针
adLongVarBinary	205	长整型二进制（仅用于 Parameter 对象）
adLongVarChar	201	长字符串值（仅用于 Parameter 对象）
adLongarWChar	203	以空值结束的长字符串值（仅用于 Parameter 对象）
adNumeric	131	有固定精度的数值
adSingle	4	单数度浮点值
adSmallInt	2	两位符号整数
adUnsignedBigInt	21	八位无符号整数
adUnsignedInt	19	四位无符号整数
adUnsignedSmallInt	18	两位无符号整数
adVarBinary	204	二进制值（仅用于 Parameter 对象）
adVarChar	200	字符串值（仅用于 Parameter 对象）
adVariant	12	OLE 的 Variant 类型

创建 Parameter 对象的过程中，参数的数据流向由 Direction 来定义，它的取值及其相关说明如表 7.12 所示。

表 7.12　Direction 的取值范围

常　量	值	说　明
adParamUnknown	0	表示参数方向未知
adParamInput	1	输入参数，即传送数据给一个存储过程
adParamOuput	2	输出参数，即得到 Command 对象执行后的输出值
adParamInputOutput	3	输入和输出参数，即传送并接收数据
adParamReturnvalue	4	返回值，用来读取从存储过程返回的状态值

3. Parameter 对象的属性

一个 Parameter 对象表示一个基于带参数的查询或存储进程的 Command 对象相关的参数。Parameter 对象的一些属性是从传递给 Command 对象 CreateParameter 方法的参数那里继承而来的，Parameter 对象的属性及其相关说明如表 7.13 所示。

表 7.13 Command 对象的 CreateParameter 方法的参数意义

参　数	说　明
Name	参数名称
Type	参数类型
Direction	参数方向，传入还是传出
Size	参数大小，指定最长字节，可以省略
Value	参数值
Attributes	指定该参数的数值性质

其中 Attributes 用来指定参数值的性质，其取值及其相关说明如表 7.14 所示。

表 7.14 Attributes 的取值范围

常　量	值	说　明
adParamLong	128	允许有相当大的数值
adParamNullable	64	允许 NULL 值
adParamSigned	16	允许数值有正负符号

4. Parameter 对象的方法

Parameter 对象只有一个方法 Appendchunk（该方法较少用，仅在追加二进制数据时用，请读者参阅相关资料），用来处理传递给一个参数的长文本或二进制数据。它允许把一个长文本或二进制信息追加到 Parameter 对象的末尾，其语法如下：

```
Parameter 对象.AppendChunk（长文本或二进制数据）
```

在使用该方法前，Parameter 对象的 Attributes 必须设置为 adFldlong，这样 Parameter 对象能够接受该方法加入的长文本或二进制数据。如果追加的是文本字符串，该方法较少使用，更多地用 Value 属性就可方便地赋值。

例 7.5：建立一个图书查询页面，当用户在左边窗格中选择图书编号并单击"查询"按钮后，将在右边窗格中显示该图书的完整信息，程序运行效果如图 7.7 所示。

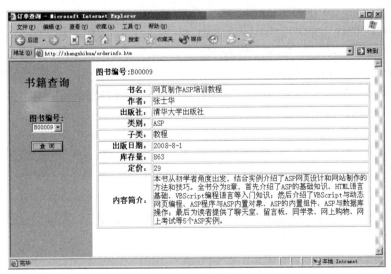

图 7.7 图书查询页面

（1）建立查询的主框架页面 orderinfo.htm 文件。

```
<HTML>
<TITLE> 图书查询 </TITLE>
<FRAMESET COLS="180,*" FrameSpacing="0" FrameBorder="0" Border="0">
    <FRAME SRC="left.asp" NAME="Left">
    <FRAME SRC="right.asp" NAME="Right" Scrolling="yes" NoResize>
</FRAMESET>
</HTML>
```

（2）建立左侧选择查询图书编号窗格 left.asp 文件。

```
<%@ Language=VBScript %>
<!--#include file="adovbs.inc"-->
<% Response.Buffer = True %>
<HTML>
<TITLE>左侧窗格 left.asp</TITLE>
<%
'创建 Connection 对象 conn
Set conn=Server.CreateObject ("ADODB.Connection")
'使用 DSN 建立 conn 与数据库的连接
strConn="Driver={SQL Server};Database=booknet;Server=ZHANGSHIHUA\TEST;UID=sa;PWD=;"
conn.Open strConn
Set rs = Server.CreateObject ("ADODB.Recordset")
rs.Open "SELECT BookID FROM Books",strConn,,,adCmdText
%>
<Body bgcolor=#AAAAAA>
<BR><Center><H2>书籍查询</H2><HR>

<FORM NAME="Main" METHOD=POST ACTION="right.asp" TARGET="Right">
<B>图书编号:</B><SELECT NAME="BookID">
<% do while not rs.EOF %>
    <OPTION VALUE=<%= rs ("BookID")%>> <%= rs ("BookID")%> </OPTION>
<% rs.MoveNext
    loop
    rs.Close
%>
</SELECT>
<p><INPUT TYPE="submit" NAME="Search" value=" 查 询 ">
</FORM>

</Center>
```

```
</BODY></HTML>
```

（3）建立右侧显示所查询图书详细信息窗格 right.asp 文件。

```asp
<%@ Language=VBScript %>
<!--#include file="adovbs.inc"-->
<% Response.Buffer = True %>
<HTML>
<TITLE>右侧窗格 right.asp</TITLE>
<%
    dim strConn,strSQL,strBookID

    strBookID = Request.Form("BookID")
    '创建 Connection 对象 conn
    Set conn=Server.CreateObject("ADODB.Connection")
    '使用 DSN 建立 conn 与数据库的连接
strConn="Driver={SQL Server};Database=booknet;Server=ZHANGSHIHUA\TEST;UID=sa;PWD=;"
    conn.Open strConn
    '创建 Command 对象 cm
    Set cm=Server.CreateObject("ADODB.Command")
    '将 Connection 对象 conn 指定给 Command 对象 cm
    Set cm.ActiveConnection=conn

    strSQL = "SELECT * FROM Books"
    strSQL = strSQL & " WHERE BookID=?"        '查询参数
    cm.CommandText = strSQL
    cm.CommandType = adCmdText

    cm.Prepared = True
    cm.Parameters.Append cm.CreateParameter("BookID",adVarChar,,6)'加入参数集合
    if Trim(strBookID)<> "" then
        cm("BookID")= Trim(strBookID)'参数值
        Set rs = cm.Execute
    else
        cm("BookID")= "B00001"
        Set rs = cm.Execute
    end if
%>
<BODY>
<B>图书编号:</B><%= rs("BookID")%><BR><HR>
<%
```

```
crlf = Chr (13) & Chr (10)
Statement = rs ("Statement")
Statement = Replace (Statement,crlf,"<BR>")
%>
<table border="1" width="100%">
  <TR><td align="right" width="20%"><B> 书 名： </B></td><td width="80%"><%=rs
("BookName")%></td></tr>
    <TR><td align="right"><b>作者: </b></td><TD><%=rs ("Writer")%></td></tr>
    <TR><td align="right"><b>出版社: </b></td><TD><%=rs ("Press")%></td></tr>
    <TR><td align="right"><b>类别: </b></td><TD><%=rs ("Category")%></td></tr>
    <TR><td align="right"><b>子类: </b></td><TD><%=rs ("Subcategory")%></td></tr>
    <TR><td align="right"><b>出版日期: </b></td><TD><%=rs("PublishDate")%></td></tr>
    <TR><td align="right"><b>库存量: </b></td><TD><%=rs ("Quantity")%></td></tr>
    <TR><td align="right"><b>定价: </b></td><TD><%=rs ("Price")%></td></tr>
    <TR><td align="right"><b>内容简介: </b></td><TD><%=Statement%></td></tr>
  </table>
</BODY></HTML>
```

7.4   RecordSet 对象

Recordset 对象称为记录集对象。它是 ADO 对象集中功能最强大、使用也最灵活方便的一个。数据库查询操作一般都会返回一个由数据库中满足条件的所有记录组成的一个记录集，要使用这个记录集就要用到 Recordset 对象。

7.4.1   创建 Recordset 对象

创建一个 Recordset 对象的语法如下：

Set Recordset 对象名 = Server.CreateObject("ADODB.Recordset")

上面的方法只是建立了一个空的 Recordset 对象，并没有将一个真实存在的记录集赋给它，要将一个特定记录集赋给 Recordset 对象可用以下方法。

（1）利用 Connection 对象的 Execute 方法产生一个 Recordset 对象。

例 7.6：利用 Connection 对象的 Execute 方法产生 Recordset 对象示例。

```
<%
Dim dbConn, dbRs
Set dbConn = Server.CreateObject ("ADODB.Connection")
str_conn = "DBQ=" & Server.MapPath ("books.mdb") & ";Driver={Microsoft
Access Driver (*.mdb)}"
    dbConn.Open  str_conn
```

```
Set dbRs = dbConn.Execute "select * from user"
%>
```

（2）直接建立 Recordset 对象。

这种方法直接用下面的语句建立一个 Recordset 对象：

Recordset 对象.Open [Source],[ActiveConnection],[CursorType],[LockType],[Options]

各参数的意义如表 7.15 ~ 7-18 所示。

表 7.15　Open 方法参数表

参数名	参数意义
Source	SQL 语句、数据表名或 Command 对象名
ActiveConnection	Connection 对象名或数据库连接字符串
CursorType	记录集游标类型，其取值如表 7.16 所示，可以省略
LockType	记录集的使用方式，其取值如表 7.17 所示，可以省略
Options	Source 参数的类型，取值如表 7.18 所示，也可以省略

表 7.16　CursorType 参数取值表

CursorType 常量	整数值	意　义
AdOpenForwardOnly	0	仅向前游标，默认值。除了只能在记录中向前滚动外，与静态游标相同。当只需要在记录集中单向移动时，使用它可提高性能
AdOpenKeyset	1	键集游标。可以在记录集中前后移动游标。不能访问其他用户删除的记录，无法查看其他用户添加的记录，除此以外键集游标与动态游标相似，可以看见其他用户更改的数据。支持书签
AdOpenDynamic	2	动态游标。可以看见其他用户所作的添加、更改和删除。允许在记录集中进行所有类型的移动，但不包括提供者不支持的书签操作
AdOpenStatic	3	静态游标。可以用来查找数据或生成报告的记录集合的静态副本。另外，对其他用户所作的添加、更改或删除不可见

表 7.17　LockType 参数取值表

LockType 常量	整数值	意　义
adLockReadOnly	1	默认值，只读。无法更改数据
adLockPessimistic	2	保守式记录锁定（逐条）。提供者执行必要的操作确保成功编辑记录，通常采用编辑时立即锁定数据源记录的方式
adLockOptimistic	3	开放式记录锁定（逐条）。提供者使用开放式锁定，只在调用 Update 方法时锁定记录
adLockBatchOptimistic	4	开放式批更新。用于与立即更新模式相反的批更新模式

表 7.18 Options 参数取值表

Options 常量	整数值	意　　义
adCmdUnknown	-1	CommandText 参数类型无法确定，是系统缺省值
adCmdText	1	CommandText 参数是命令类型
adCmdTable	2	CommandText 参数是表名
adCmdStoreProc	3	CommandText 参数是一个存储过程名

例 7.7：直接建立 Recordset 对象的应用实例。

```
<%
Dim dbConn, dbRs
Set dbConn = Server.CreateObject ("ADODB.Connection")
str_conn = "DBQ=" & Server.MapPath ("books.mdb") & ";Driver={Microsoft
Access Driver (*.mdb)}"
    dbConn.Open  str_conn
Set dbRs = Server.CreateObject ("ADODB.Recordset")
dbRs.Open "select * from user","Dsn=book",2,1,-1
%>
```

7.4.2　Recordset 对象的属性

Recordset 对象的属性如表 7.19 所示。

表 7.19 Recordset 对象的属性

属性名	属性说明
AbsolutePage	设置当前记录所在位置是第几页
AbsolutePosition	设置记录集对象所在位置是第几条记录
ActiveConnection	设置记录集属于哪一个 Connection 对象
BOF	检验当前记录集对象所指位置是否在第一条记录之前。若成立，则返回 True，否则返回 False
EOF	检验当前记录集对象所指位置是否在最后一条记录之后。若成立，则返回 True，否则返回 False
CacheSize	设置记录集对象在内存中缓存的记录数
CursorType	指示在 Recordset 对象中使用的游标类型
CursorLocation	设置或返回游标位置
EditMode	指定当前是否处于编辑模式
LockType	在记录集的当前位置锁定记录
MaxRecords	指示通过查询返回 Recordset 的记录的最大数目
RecordCount	指示 Recordset 对象中记录的当前数目

续表 7.19

属性名	属性说明
PageSize	设置记录集对象一页所容纳的记录数
PageCount	显示记录集当前的页面总数
Source	指示 Recordset 对象中数据的来源（Command 对象、SQL 语句、表的名称或存储过程）
State	对所有可应用对象，说明其对象状态是打开或是关闭。对执行异步方法的 Recordset 对象，说明当前的对象状态是连接、执行或是获取

Recordset 对象的属性很多，上表只列出了它的大部分常见属性。最常用的 Recordset 对象属性有以下一些类型：

（1）与打开记录集相关的属性。

Source、ActiveConnection、CursorType 以及 LockType 四个属性在前面使用 Recordset 对象的 Open 方法时接触过，这四个属性一般在打开一个记录集之前设置。

例 7.8：通过设置打开记录集的相关属性完成例 7.7 功能。

```
<%
Dim dbConn,dbRs
Set dbConn = Server.CreateObject("ADODB.Connection")
str_conn = "DBQ=" & Server.MapPath("books.mdb") & ";Driver={Microsoft
Access Driver(*.mdb)}"
dbConn.Open  str_conn
Set dbRs = Server.CreateObject("ADODB.Recordset")
dbRs.Source = "select * from user"
dbRs.ActiveConnection = "dbConn"
dbRs.CursorType = 2
dbRs.LockType = 1
dbRs.Open
%>
```

（2）与记录相关的属性。

① RecordCount 属性：利用该属性可以获取记录集中记录的总数。例如：

```
<%
Dim count
count = dbRs.RecordCount
Response.Write "记录总数为: " & count
%>
```

用户在使用 RecordCount 属性时，一定要事先将 Recordset 对象的指针类型设置为静态指针或者键集指针，否则会出现错误。

② Bof 属性：根据该属性值判断当前记录指针是否在记录集的开头。如果在记录集的开头，则 Bof 属性值为 true，否则为 false。

③ Eof 属性：根据该属性值判断当前记录指针是否在记录集的结尾。如果在记录集的末尾，则 Eof 属性值为 true，否则为 false。

（3）与记录集分页相关的属性。

① PageSize 属性：用于设置记录集分页显示时每一页显示的记录数。

② PageCount 属性：用于设置记录集分页显示时总的页数。

③ AbsolutePage 属性：用于设置当前记录指针位于哪一页。

④ AbsolutePosition 属性：用于设置当前记录指针所在的记录行的序号。

使用上述属性的方法也非常简单，语法如下：

Recordset 对象名 . 属性 = 整数值

但是要使用这四个属性值也需要将 Recordset 对象的 CursorType 属性值设为键集指针。

7.4.3　Recordset 对象的方法

Recordset 对象的方法如表 7.20 所示。

表 7.20　Recordset 对象的方法

方法名	方法说明
AddNew	添加一条空白记录
CancelBatch	取消一个批处理更新操作
CancelUpdate	取消已存在的和新的记录所做的任何改变
Close	关闭打开的记录集
Delete	删除当前记录或记录组
GetRows	取得记录集的多条记录
MoveFirst	将 RS 记录集对象的指针移至记录集对象中最顶端的记录
MovePrevious	将 RS 记录集对象的指针向上移动一条
MoveNext	将 RS 记录集对象的指针向下移动一条
MoveLast	将 RS 记录集对象的指针移至记录集对象中最底端的记录
Open	打开一个记录集
Requery	重新执行查询
Resync	从基本数据库刷新当前 Recordset 对象中的数据
Update	向数据库提交对一条记录的改变或添加

Recordset 对象的常用方法也可以按照功能的不同划分为以下几类：

（1）与记录集对象本身操作相关的方法。

这类方法包括 Open、Close 和 Requery 等方法。

Open 方法在前面已经详细介绍过，Close 方法用于关闭 Open 方法打开的记录集，而 Requery 方法用于重新打开记录集，也就是先关闭记录集然后再打开记录集。

（2）与记录指针相关的方法。

这类方法包括 MoveFirst、MovePrevious、MoveNext、MoveLast 和 Move。其中前面四个方法使用时均不需要参数，语法如下：

Recordset 对象名 . MoveFirst | MovePrevious | MoveNext | MoveLast

Move 方法用于将记录指针移动到指定的位置，因此使用该方法时必须带参数，语法如下：

Recordset 对象名 . Move NumRecords, Start

其中，Start 参数表示记录指针移动时的基准位置，它可以有如表 7.21 所示的三种取值。

表 7.21　Start 参数的取值表

常　　量	常量意义
AdBookmarkCurrent	默认值。将当前记录作为指针移动基准位置
AdBookmarkFirst	将首记录作为基准位置
AdBookmarkLast	将尾记录作为基准位置

NumRecords 参数表示指针相对于基准位置移动的距离。若 NumRecords 参数值为正则表示从基准位置向前移动；若 NumberRecords 参数值为负，则表示指针向后移动。例如：

```
<%
dbRs.Move 10    '表示将记录指针指向当前记录的前 10 条记录
%>
```

（3）与记录操作相关的方法。

这类方法包括 AddNew、Delete、Update 和 CancelUpdate 等。

① AddNew 方法：用于向数据库添加记录，语法如下：

Recordset 对象名 . AddNew FieldList, Values

其中，参数 FieldList 可选，表示新记录中字段的单个名称、一组名称或序号位置；参数 Values 也可选，表示新记录中字段的单个或一组值。如果 Fields 是数组，那么 Values 也必须是有相同成员数的数组，否则将发生错误。字段名称的次序必须与每个数组中的字段值的次序相匹配。

② Delete 方法：用于删除记录，语法如下：

Recordset 对象名 . Delete AffectRecords

其中，参数 AffectRecords 的值可以指定 Delete 方法所影响的记录数目，该值可以是如表 7.22 所示的常量之一。

表 7.22　AffectRecords 参数取值表

常　　量	常量意义
AdAffectCurrent	默认值。仅删除当前记录
AdAffectGroup	删除满足当前 Filter 属性设置的记录。要使用该选项，必须将 Filter 属性设置为有效的预定义常量之一
adAffectAll	删除所有记录
adAffectAllChapters	删除所有子集记录

③ Update 方法：用于更新数据库，语法如下：

Recordset 对象名. Update

如果使用了 AddNew 方法或 Delete 方法，必须要使用 Update 方法后才能真正更新数据库。也可以直接使用 Update 方法更新数据库中的记录，例如：

```
<% dbRs.Update Fields, Values %>
```

④ CancelUpdate 方法：用于取消上述更新，其使用语法与上面方法一样。

例 7.9：建立一个 "Web 教程网"，其效果如图 7.8 所示。该网站后台数据库中的教程信息表如图 7.9 所示，教程各章节标题、章节序号、各章节所对应的页面文件名、页面作者以及页面制作时间等信息均存放在该表中。网站管理员可以通过管理入口进入如图 7.10 所示的管理页面，在线修改数据库，从而实现 Web 教程的更新。

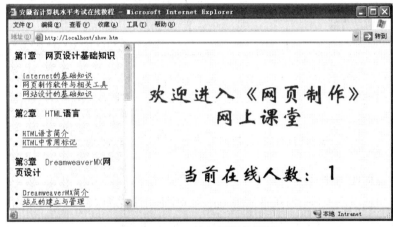

图 7.8 Web 教程页面效果图

id	course	chapter_title	section_title	chapter_num	section_num	page_url	author	date
1	网页制作	网页设计基础知识	Internet基础	1	1	wangye1_1.htm	刘春友	2007-1-20
2	网页制作	网页设计基础知识	网站设计的基本思路	1	2	wangye1_2.htm	刘春友	2007-1-20
3	网页制作	网页设计基础知识	网页设计常用工具	1	3	wangye1_3.htm	刘春友	2007-1-20
4	网页制作	HTML语言	HTML基础	2	1	wangye2_1.htm	李京文	2006-12-8
5	网页制作	HTML语言	文本格式标记	2	2	wangye2_2.htm	李京文	2006-12-8
19	网页制作	Dreamweaver 8 网页设计	Dreamweaver 8简介	3	1	wangye3_1.htm	孙 君	2007-1-15
20	网页制作	Dreamweaver 8 网页设计	站点的建立与管理	3	2	wangye3_2.htm	孙 君	2007-1-15
21	网页制作	Dreamweaver 8 网页设计	页面设计	3	3	wangye3_3.htm	钱立航	2007-1-18
23	网页制作	VBScript语言	VBScript概述	4	1	wangye4_1.htm	刘春友	2007-1-20
24	网页制作	VBScript语言	VBScript的数据类型	4	2	wangye4_2.htm	刘春友	2007-1-20
25	网页制作	VBScript语言	常量、变量与表达式	4	3	wangye4_3.htm	刘春友	2007-1-20
26	网页制作	VBScript语言	VBScript常用函数	4	4	wangye4_4.htm	刘春友	2007-1-20
27	网页制作	VBScript语言	VBScript语句	4	5	wangye1_5.htm	刘春友	2007-1-20
28	网页制作	VBScript语言	VBScript过程与函数	4	6	wangye4_6.htm	刘春友	2007-1-20
29	网页制作	VBScript语言	使用VBScript对象编程	4	7	wangye4_7.htm	刘春友	2007-1-20
31	网页制作	ASP动态网页设计	ASP简介	5	1	wangye5_1.htm	夏 良	2007-2-10
32	网页制作	ASP动态网页设计	ASP内建对象	5	2	wangye5_2.htm	夏 良	2007-2-10
33	网页制作	ASP动态网页设计	利用ADO访问数据库	5	3	wangye5_3.htm	夏 良	2007-2-10
34	网页制作	网站制作实例	网站规划设计	6	1	wangye6_1.htm	戴支祥	2006-8-8
35	网页制作	网站制作实例	计算机系网站设计实例	6	2	wangye6_2.htm	戴支祥	2006-8-8

记录：1 共有记录数：28

"数据表" 视图　　　　　　　　　NUM

图 7.9 教程章节表

图 7.10　Web 教程管理页面

这个例子有一个非常重要的动态页面 contents.asp，它的作用就是将动态用户所注册的课程章节名及其所对应的页面从后台数据库中读出并显示出来，实现这一功能正是利用了 Recordset 对象。

contents.asp 页面的主要代码如下：

```
<%
Dim db,db2
Dim str_conn,str_rs1,str_rs2
Dim rs,ss
Dim user_course
Dim file_path
user_course = Session ("usercourse")
if user_course="网页制作" then
    file_path = "./wangye_pages/"
elseif user_course="Access 数据库" then
    file_path = "./access_pages/"
else
    file_path = "./java_pages/"
end if
Set db = Server.CreateObject ("ADODB.Connection")
str_conn = "Dbq=" & Server.Mappath ("books.mdb") & ";Driver={Microsoft
Access Driver (*.mdb)}"
db.open str_conn
set rs = Server.CreateObject ("ADODB.Recordset")
set rs2 = Server.CreateObject ("ADODB.Recordset")
str_rs1="select * from online_books where course='" & user_course & "' order
```

```
by chapter_num"
    rs.open str_rs1,db
    if not rs.BOF and not rs.Eof then
    ss=""
    do while not rs.EOF
        if ss <> rs("chapter_title")then
        ss=rs("chapter_title")
        Response.Write "<p style='font-weight:bold'>第" & rs("chapter_num")
& "章  " & ss & "</p>"
        str_rs2="select * from online_books where chapter_title='" & ss & "'"
        rs2.open str_rs2,db
        if not rs2.Bof and not rs2.Eof then
        do while not rs2.Eof
        response.write "<li>" & "<a href=" & file_path & rs2("page_url") & "
target='show'>" & rs2("section_num") &"、" & rs2("section_title") & "</a>"
        rs2.movenext
        loop
        Response.Write "<br>"
        rs2.close
        end if
        end if
        rs.MoveNext
    loop
    rs.close
    db.close
    else
        Response.Write "对不起，暂时没有您需要的教程!"
    end if
%>
```

7.4.4 分页显示实例

利用 Recordset 对象中与记录分页相关的几个属性，还可以实现将记录集的内容进行分页显示，这在记录集中记录很多时非常有用。在例 7.9 中与 Recordset 对象应用相关的还有一个 db_manager.asp 页面，它是供系统管理员使用的，能够将后台数据库中课程章节表的全部记录显示出来，在这个页面里就用到了记录分页显示技术。主要代码如下：

```
<%
    set db = Server.CreateObject("ADODB.Connection")
    set rs = Server.CreateObject("ADODB.Recordset")
```

```
    connstr = "Dbq=" & Server.MapPath ("books.mdb") & ";Driver={Microsoft
Access Driver (*.mdb)}"
    db.Open connstr
    rs.Open "select * from online_books",db,1
    if not rs.BOF and not rs.EOF then
        dim page_size
        dim page_no
        dim page_total
        page_size = 8
        if Request.QueryString ("page_no") ="" then
            page_no = 1
        else
            page_no = CInt (Request.Querystring ("page_no"))
        end if
        rs.PageSize = page_size
        page_total = rs.PageCount
        rs.AbsolutePage = page_no
        dim M,N
        M = page_size
        do while not rs.EOF and M>0
            M = M-1
            Response.Write"<TR>"
            for N =1 to rs.Fields.Count-1
                Response.Write "<TD>" & rs.Fields.Item (N) & "</td>"
            next
            'Response.Write"<TD><a href='insert.asp'>添加</a></td>"
            Response.Write"<TD><a href='update.asp?id=" & rs.Fields ("id")
& "'>修改</a></td>"
            Response.Write"<TD><a href='delete.asp?id=" & rs.Fields ("id")
& "'>删除</a></td>"

            Response.Write "</tr>"
            rs.MoveNext
        loop
        Response.Write"    请选择您想要查看的数据页："
        for M = 1 to page_total
            if M = page_no then
                Response.Write M & " "
```

```
            else
                Response.Write"<a href='db_manage.asp?page_no=" & M & "'>"
& M & "</a> "
            end if
        next
    end if
    rs.Close
    db.Close
%>
```

7.5 多表（组合）查询实例

在实际涉及数据库的 Web 应用中，经常存在从多个表中组合查询数据的情况，也就是说，从这个表中取若干个字段，再从另一个表中取若干个字段，其主要用到的就是 Select 语句中的组合查询语句。

例 7.10：建立数据库 userinfo.mdb，它包括两张表：表 tbUsers 包含用户名、密码、真实姓名、性别等字段，表 tbLog 包括用户名、登录 IP、登录时间字段。现在需要从 tbUsers 中选取用户名和真实姓名，从 daylog 中选取登录 IP 和登录时间。

```
    <HTML>
<body>
    <h2 align="center">对多个表进行组合查询示例</h2>
    <%
    '以下连接数据库，建立一个 Connection 对象实例 conn
    Dim conn,strConn
    Set conn=Server.CreateObject("ADODB.Connection")
    strConn="Provider=Microsoft.Jet.OLEDB.4.0;Data Source=" & Server.MapPath
("userinfo.mdb")
    conn.Open strConn
    '以下建立记录集对象实例 rs
    Dim strSql,rs
    strSql="Select tbUsers.strUserId,tbUsers.strName,tbLog.strIP,tbLog.dtmLog From
tbUsers,tbLog Where tbUsers.strUserId=tbLog.strUserId Order By tbLog.dtmLog DESC"
    Set rs=conn.Execute(strSql)
    '以下利用循环显示记录集，并显示在表格中
    Response.Write "<table border='1' width='100%'><tr bgcolor='#E0E0E0'>"
    Response.Write "<th>用户名</th><th>姓名</th><th>登录 IP</th><th>登录时
间</th></tr>"
    Do While Not rs.Eof
```

```
        Response.Write "<TR>"
        Response.Write "<TD>" & rs("strUserId")& "</td>"
        Response.Write "<TD>" & rs("strName")& "</td>"
        Response.Write "<TD>" & rs("strIP")& "</td>"
        Response.Write "<TD>" & rs("dtmLog")& "</td>"
        Response.Write "</tr>"
        rs.MoveNext
    Loop
    Response.Write "</table>"
    %>
</body>
</HTML>
```

程序运行效果如图 7.11 所示。

图 7.11 多表查询显示结果

小 结

本章重点是 ADO 及其 3 个对象（Connection、Command、Recordset），以及子对象 Error、Parameter 和 Field 等。由于本章的内容多且深，因此学习起来比较艰辛，可以采用循序渐进的方法逐步学习。在实际应用开发中，不用考虑这么庞杂的内容，只采用最常用最熟悉的方法即可。

习 题

一、理论题

1. 在 ADO 模型中有哪些对象？

2. 简述 Command 对象和 Connection 对象之间的关系。

3. 列举出至少 3 种 ASP 中连接数据库的方式。

4. 简述 Connection 对象的功能。

5. 简述 Connection 对象涉及的两种数据集合。

6. 简述 Command 对象涉及的两种数据集合。

7. 简述 Recordset 对象的功能。

8. 简述 Recordset 对象涉及的两种数据集合。

二、实验题

1. 请利用数据库在首页开发一个计数器（提示：每次访问该页面就读取数据库中的访问次数，然后再更新记录即可）。

2. 在第 4 章的习题中开发过简单的考试程序，现在可以利用数据库修改一下：将试题和答案都存放到数据库中，从数据库中读出；学生在线完成后，将成绩保存入数据库（提示：可能需要两张数据表，分别用来保存题目和成绩）。

3. 请模仿一般网站的注册系统开发一个程序，要求用户能注册，输入用户名、密码等个人信息，下一次访问时可以用该用户名和密码登录，登录后就可以查看有关网页内容。如果没有登录直接访问其他页面，则重定向回注册页面。

```
<%
 Dim conn
 Set conn = Server.CreateObject ( "ADODB.Connetion" )
 provider = "provider = microsoft.jet.oledb.4.0;"
DBPath = "data source = " & Server.MapPath ( "exam.mdb" )
conn.Open provider & DBPath
%>
```

4. 在 exam.mdb 数据库中有 exam_subject 数据表，该表有两个字段：ID 和 exam_subject，类型分别为"自动编号"和"文本"类型。另有数据库连接文件 conn.inc。

请设计一个 ASP 网页 test.asp，其功能是向数据库的表中插入一条新记录，要求：

（1）插入新记录，其 exam_subject 字段值是"信息技术"。

（2）插入命令使用 SQL 语法的 Insert 语句完成。

（3）插入操作使用数据库连接对象的 execute 方法完成。

5. 设计一个 ASP 网页 test.asp，把 exam.mdb 数据库中的 cadre_info 数据表中前 20 个记录的两个字段内容分别显示到屏幕上。其中第一个字段的名称是"userid"，第二个字段的名称是"username"，已有数据库连接文件 conn.inc。要求：

（1）输出内容为前 20 个记录。

（2）建立数据表记录集的方式打开数据表。

（3）在输出记录前先输出表格的标题行，内容为"用户号，姓名"。

（4）各条记录的输出格式为：一条记录占一行，先是"userid"字段，再是"username"字段，中间用逗号分隔。

conn.inc 程序代码如下：

```
<%
```

```
Dim conn
Set conn = Server.CreateObject ( "ADODB.Connetion" )
provider = "provider = microsoft.jet.oledb.4.0;"
DBPath = "data source = " & Server.MapPath ( "exam.mdb" )
conn.Open provider & DBPath
%>
```

6. 使用 Connection 对象的 Open 方法，通过 OLE DB 与 Access、SQL Server 数据库建立连接。

7. 自行设计，使用 Connection 对象的 execute 方法完成对数据库的增、删、查、改。

，8. 使用 Recordset 对象完成对数据库的增、删、查、改功能，并实现对数据库中某数据表的表格形式输出。

9. 参照例 7.10，将分页显示、修改和删除多条记录功能融在一起，要求界面友好，操作方便。

第 8 章   Web 应用程序综合开发实例（一）

本章重点

●   会综合运用所学过的知识开发实际应用的 Web 应用程序

●   熟悉聊天室程序，掌握聊天信息提交、聊天内容显示，在线人员名单显示，客户端特效函数调用以及退出注销等重要技术

8.1   多用户在线聊天室

网上聊天系统是为人们进行交流和联系提供的一个平台，它利用现代的网络资源优势和技术优势，通过提供完善的网上聊天系统管理，以达到增进人与人之间的信息交流和沟通的目的，可使人们结交更多的朋友。

在线聊天室是个综合的 Web 应用系统。该系统需要传递用户信息，所以会用到 Session 对象。同时为了给多个用户同时显示聊天内容，还会用到 Application 对象。Request 和 Response 对象也会频繁使用。

8.2   在线聊天室的设计

总体设计：该系统主要包括 5 个模块：用户登录模块、登录验证模块、用户聊天模块、显示聊天内容模块、显示在线人员和退出模块。共有 6 个 asp 动态页面和 1 个 global.asa 全局文件。

用户登录模块主要实现用户账号、用户密码的输入，完成用户的登录。用户如果输入新的用户名和密码，将会视为新用户登录。

登录验证模块主要检查聊天室是否满员或用户是否重名，如果验证通过则让其进入聊天室。

聊天模块、显示聊天内容模块完成用户的聊天发言及私聊，包括提交聊天内容，在多用户之间显示聊天内容，给单用户显示私聊内容等。

显示在线人员和退出模块实现在线人员的显示和人员退出注销后更新在线人员的显示。

由于总体功能方面已经比较完备，稍加修改就可以实现一个可实际应用的聊天系统。

8.3　在线聊天室的实现

例 8.1：多用户在线聊天室实例。

（1）global.asa 文件。

```
<SCRIPT Language=VBScript RUNAT=Server>
SUB Session_Onstart
'注意此处要修改为自己的 Web 应用的目录，例子为默认网站根目录/下面的 chat 虚拟目录
   defaultpage="/chat/login.asp"
   userpage=Request.ServerVariables("Script_Name")
   If defaultpage<>userpage then
      Response.Redirect defaultpage
   End If
   Session.TimeOut=5
END SUB
</SCRIPT>
```

这个文件主要完成的功能：防止用户绕开登录界面，如果用户直接访问聊天室其他页面，将会被重定向到登录页面，使其必须登录后才能进入。Session 超时设为 5 分钟，应用在用户直接关闭浏览器退出聊天室的情况。

注：global.asa 文件必须放在用户 Web 应用程序的根目录下，而且此目录需设为可执行脚本，否则不能生效。建议单独建一个虚拟目录，并设为应用程序，里面放聊天室程序所有的文件。

（2）用户登录页面——login.asp 的实现代码如下：

```
<HTML>
<HEAD>
  <TITLE>用户登录</TITLE>
<SCRIPT LANGUAGE = "VBSCRIPT">
  Function formlogin_onsubmit
    str = Document.formlogin.name.Value
    If trim(str)= "" then
      Window.Alert("用户名不能为空")
      Document.formlogin.name.Focus()
      formlogin_onsubmit=False
      Exit Function
    End if
    formlogin_onsubmit=True
  End Function
</SCRIPT>
</HEAD>
<BODY>
```

```
<H4 align="center">欢迎进入迷你聊天室</H4>
<HR>
<Form name="formlogin" action="logincheck.asp" method="post">
    <P align="center">您的昵称:
        <INPUT type="text" name="name" size=15></P>
    <P align="center">您的密码:
        <INPUT Type="password" name="pwd" size=15></P>
    <P align="center"><input type="submit" value="进入" >
                    <input type="reset" value="重写" ></P>
</Form>
<P align="center"><FONT color="red"><%=Request.QueryString("msg")%>
</BODY>
</HTML>
```

（3）登录验证页面——logincheck.asp 的实现代码如下：

```
<%
username=trim(Request("name"))
items=split(application("people"),",")
'检查聊天室是否满员
If ubound(items)>10 then
    Response.Redirect "login.asp?msg=对不起, 聊天室已经满员!"
End If
'检查用户名是否重名
For i=0 to ubound(items)- 1
  If items(i)= username then
      Response.Redirect "login.asp?msg=对不起, 用户名重名!"
  End If
Next
'通过检查, 进入聊天室
Session("curruser")=username
Application.lock
Application("people")=application("people") & username &","
items=split(application("people"),",")
For i=0 to ubound(items)- 1
    str="(" & time & ")" & username & "说: 大家好! <BR>"
    Application(items(i))= str & Application(items(i))
Next
Application.unlock
Response.Redirect "main.asp"
%>
```

登录界面如图 8.1 所示。

图 8.1　聊天室登录界面

（4）聊天室主界面——main.asp 采用了框架结构：

```
<% Response.Buffer=true %>
<HTML>
<HEAD>
<TITLE>迷你聊天室</TITLE>
</HEAD>
<%'显示框架和聊天室内容%>
<Frameset rows="70%,*">
    <Frameset cols="69%,*">
    <Frame name="ltop" target="ltop" scrolling="auto" noresize src="content.asp">
    <Frame name="rtop" target="rtop" scrolling="auto" noresize src="talker.asp">
    </Frameset>
        <Frame scrolling="auto" noresize src="talking.asp">
</Frameset>

<Noframes>
<BODY>
<P>浏览器不支持
</BODY>
</Noframes>

</HTML>
```

主界面采用了框架结构显示聊天内容和提交聊天内容等其他页面，效果如图 8.2 所示。

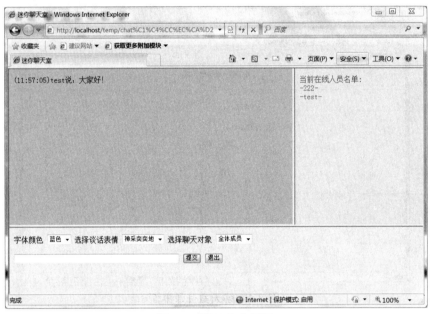

图 8.2　聊天室主界面

（5）输入提交聊天内容页面——talking.asp，其实现代码如下：

```
<HTML>
<BODY bgcolor="rgb（230,300,100）">
<%
name=Session（"curruser"）
'如果用户选择退出，则将其姓名和谈话内容清除
If Request.Form（"Quit"）="退出" Then
  If name<>"" then
    Application.unlock
    Application（"people"）=Replace（Application（"people"）,name&",",""）
    Application（name）=""
    Items=split（application（"people"）,","）
    str=name & "离开了<BR>"
    For i=0 To ubound（items）-1
        Application（items（i））=str&application（items（i））
    Next
    Application.unlock
    Session.abandon
  End If
Else
  If Request.Form（"content"）<>"" then
```

```
        '构造显示信息
    str="<FONT color='"&Request.Form("color")&"'>"&name&Request.Form("face")-
&"说:" & Server.HtmlEncode(Request.Form("content"))&"</FONT><BR>"
        '发送显示信息
        Items=split(application("people"),",")
        who=Request.Form("who")
        Application.Lock
        '如果聊天对象为所有人
        If Request.Form("who")="all" Then
        '为每个用户设置聊天内容
            For i=0 To ubound(items)-1
                Application(items(i))=str&application(items(i))
            Next
        '如果聊天对象为某个用户
        Else
            For i=0 To ubound(items)-1
                If items(i)=name or items(i)=who then
                '设置聊天内容
                    Application(items(i))=str&Application(items(i))
                 End if
            Next
        End if
        Application.Unlock
    End if
%>
<%'没有指定 action 属性值,表示调用自身%>
    <Form method="post" action="">
    <P>字体颜色
    <Select name="color" size=1>
            <Option value="blue">蓝色</Option>
            <Option value="yellow">黄色</Option>
            <Option value="green">绿色</Option>
            <Option value="red">红色</Option>
            <Option value="gray">灰色</Option>
            <Option value="black">黑色</Option>
            <Option value="white">白色</Option>

    </Select>
    选择谈话表情
```

```
<Select name="face" size=1>
        <Option value="神采奕奕地">神采奕奕地</Option>
        <Option value="无聊搭闲地">无聊搭闲地</Option>
        <Option value="兴高采烈地">兴高采烈地</Option>
        <Option value="悲哀忧伤地">悲哀忧伤地</Option>
        <Option value="无限深情地">无限深情地</Option>
        <Option value="笑逐颜开地">笑逐颜开地</Option>
        <Option value="愤怒谴责地">愤怒谴责地</Option>
</Select>
选择聊天对象
<Select name="who" size=1>
        <Option value="all">全体成员</option>
        <%'填充目前在线的用户名
        Items=split(Application("people"),",")
        For i=0 To ubound(items)-1
        %>
           <Option value="<%=items(i)%>"><%=items(i)%></Option>
        <%next%>
        </Select></P>
   <P><%'聊天内容输入%>
   <INPUT type="text" name="content" size="50">
   <INPUT type="submit" name="Quit" value="提交">
   <INPUT type="submit" name="Quit" value="退出"></P>
<%End if%>
</BODY>
</HTML>
```

此页面主要完成用户聊天内容的输入，提交后给 Application 变量赋值。另外提供了退出按钮供用户退出聊天室。

（6）显示聊天内容页面——content.asp，其实现代码如下：

```
<HTML>
<HEAD>
<META http-equiv="refresh" content="5; url=content.asp">
<TITLE>聊天内容</TITLE>
<BASE target="ltop">
</HEAD>
<BODY bgcolor="rgb(200,200,200)">
<%'取得用户名
name=session("curruser")
```

```
If name<>"" Then
   '向用户端写入聊天内容
   Response.write application(name)
Else
%>
   <FONT face="隶书" color="#ff0000">
   <BIG><STRONG>请您离开聊天室</STRONG></BIG></FONT>
<%End If%>
</BODY>
</HTML>
```

此页面主要用于显示用户聊天内容，为了不断刷新显示，用到了<META http-equiv="refresh" content="5; url=content.asp">头标记，将会每隔 5 s 就将此显示聊天内容页面刷新一次。

（7）显示在线人员页面——talker.asp，其实现代码如下：

```
<HTML>
<HEAD>
<META http-equiv="refresh" content="5; url=talker.asp">
<TITLE>聊天成员</TITLE>
<BASE target="rtop">
</HEAD>
<BODY bgcolor="rgb(224,241,227)">
<FONT color="#ff00ff">当前在线人员名单:</FONT><BR>
<% If session("curruser")<>"" Then
   '如果用户存在,显示在线人员
   users=split(application("people"),",")
   For i=0 To ubound(users)-1
       Response.write   "<FONT   color=green>"&"-"&users  (  i  )
&"-"&"</FONT><BR>"
   Next
Else
%>
   <FONT face="隶书" color="#ff0000">
   <BIG><STRONG>请您离开</STRONG></BIG></FONT>
<%End If%>
</BODY>
</HTML>
```

本页面显示在线的用户名，并定时刷新。

小 结

本节主要完成了在线聊天室的基本功能，但仍有需改进之处，比如可以限制存储在 Application 变量中的内容，仅限最近几次的谈话内容，以节约服务器资源。另外，可以增加用户注册页面，通过添加存取数据库功能，把用户相关信息及聊天内容改存入数据库中。

习 题

一、理论题
1. 掌握 Globa.asa 文件的用法及放置位置。
2. 掌握 Web 应用程序的创建方法和设计规范。
3. 熟悉 Web 应用程序的设计及编码。

二、实验题
1. 改进本章聊天室程序，限制存储在 Application 变量中的内容，增加用户注册页面，通过添加存取数据库功能，实现一个比较完备的在线聊天系统。

第 9 章　Web 应用程序综合开发实例（二）

本章重点
- 学会灵活运用所学过各种知识和技术开发综合应用的 Web 应用程序
- 熟悉分页及排序显示数据、添加、删除及更新记录、查找记录等重要技术
- 熟悉留言板系统中文件包含、后台登录、浏览留言、提交留言、回复及删除留言等关键技术

9.1　通讯录

随着计算机软件和网络技术的发展，人们的日常生活和工作都在向无纸化、信息化办公发展，如各个单位的 OA（办公自动化）系统、电子商务、电子政务系统等。本节实现的多用户通讯录也是无纸化、信息化的体现，它可以取代传统的纸质通讯录，使多个用户都能建立通讯录，可方便查询与管理。

本通讯录还要求实现分页、排序显示记录功能，并能在详细显示页面中显示详细信息，能动态添加、修改和删除记录，能查询记录，实现一个通讯录核心基本功能，用户改进后可以直接应用于生活之中。

9.1.1　多用户通讯录的设计

总体设计：该通讯录主要分成 7 个页面模块：数据库连接模块——conn.asp、首页显示人员信息页面——index.asp、显示详细信息页面、添加人员页面、删除人员页面、更新人员页面和查找人员页面。

数据库文件 address.mdb 用于存放人员通信信息，配置文件用于存放会被其他文件包含的常量。

9.1.2　多用户通讯录的实现

例 9.1：多用户通讯录实例。

（1）连接数据库文件——conn.asp。　将此页面保存为单独的文件，在其他页面中就可以直接用<!--#Include file=" conn.asp" -->包含进来，不用重新写连接数据库的代码，有利代码复用。其实现代码如下：

```
<%
'本页专门用来连接数据库，在其他页面中包含本页面，就相当于将语句写到别的页面中
```

```
Dim conn,strConn
Set conn=Server.CreateObject（"ADODB.Connection"）
strConn="Provider=Microsoft.Jet.OLEDB.4.0;Data Source=" & Server.MapPath
（"address.mdb"）
conn.Open strConn
%>
```

（2）配置页面——config.asp。此页面用来声明常量，当被其他页面 include 包含后，只要单独修改此页面，就可以实现整个程序每页显示记录条数的更改。代码如下：

```
<% '本文件用来定义一些常量，只要修改本页面，即可修改整个程序
Const conPageSize=10                    '该常数用来设置每页显示多少条记录
%>
```

（3）首页显示页面——index.asp。此页是首页显示人员信息页面，可实现分页显示、排序显示、链接到详细信息显示页面、链接到"增，查，删，改"页面功能。代码如下：

```
<% Option Explicit %>
<!--#Include file=" conn.asp"-->
<!--#Include file="config.asp"-->
<HTML>
<head>
    <title>我的通讯录</title>
</head>
<body>
    <h1 align="center">通讯录</h1>
    <!--下面首先给添加记录和查找记录的超链接 -->
    <a href="insert.asp">添加记录</a>  <a href="search.asp">查
找记录</a><p>

    <%
    '下面首先获取传递过来的排序字段名称----------------------------------
    Dim strField
    If Request.QueryString（"varField"）="" Then
        strField="ID"                           '如果为空，就默认按编号字段排序
    Else
        strField=Request.QueryString（"varField"）     '如果不为空，就按相应字段排序
    End If
    '下面一段判断当前显示第几页，如是第一次打开，为1，否则由传回参数决定
    Dim intPage
    If Request.QueryString（"varPage"）="" Then
        intPage=1
    Else
```

```
        intPage=CInt(Request.QueryString("varPage"))            '用CInt转换为整数
    End If
```

'以下建立 Recordset 对象实例 rs，注意 SQL 语句中要用到上面获取的排序字段

```
    Dim rs,strSql
    Set rs=Server.CreateObject("ADODB.Recordset")
    strSql ="Select ID,strName,strTel,strEmail,dtmSubmit From tbAddress
Order By " & strField & " DESC"
    rs.Open strSql,conn,1                    '注意参数设置为键盘指针
```

'如果记录集不是空的，就执行分页显示

```
    If Not rs.Bof And Not rs.Eof Then
```

```
'------------------------------------------------------------------
```

'下面一段开始分页显示，指向要显示的页，然后逐条显示当前页的所有记录
'这里调用 config.asp 中的常数设置每页显示多少条记录

```
    rs.PageSize=conPageSize
    rs.AbsolutePage=intPage                    '设置当前显示第几页
```

'下面首先输出表格的标题栏

```
    Response.Write "<table width='100%' border='1' bordercolorlight='#B0B0B0'
bordercolordark='#FFFFFF' cellspacing='0' cellpadding='0' align='center'>"
    Response.Write "<tr bgcolor='#E0E0E0' height='25'>"
    Response.Write "<th width='10%'><a href='index.asp?varField=ID'>
编号</a></th>"
    Response.Write "<th width='10%'><a href='index.asp?varField=strName'>姓
名</a></th>"
    Response.Write "<th width='20%'><a href='index.asp?varField=strTel'>电话
</a></th>"
    Response.Write "<th width='20%'><a href='index.asp?varField=strEmail'>
E-mail</a></th>"
    Response.Write "<th width='20%'><a href='index.asp?varField=dtmSubmit'>
添加日期</a></th>"
    Response.Write "<th width='10%'>更新</th>"
    Response.Write "<th width='10%'>删除</th>"
    Response.Write "</tr>"
```

'下面利用循环显示当前页的所有记录

```
    Dim I
```

```
        For I=1 To rs.PageSize
            If rs.Eof Then Exit For                '如果到了记录集结尾，就跳出循环
            Response.Write "<tr align='center' height='25'>"

            Response.Write "<TD>" & rs("ID") & "</td>"
            Response.Write "<TD><a href='particular.asp?ID=" & rs("ID")
& "' target='_blank'>" & rs("strName") & "</td>"
            Response.Write "<TD>" & rs("strTel") & "</td>"
            Response.Write "<TD><a href='mailto:" & rs("strEmail") & "'>"
& rs("strEmail") & "</td>"
            Response.Write "<TD>" & rs("dtmSubmit") & "</td>"
            Response.Write "<TD><a href='update.asp?ID=" & rs("ID") & "'>
更新</td>"

            Response.Write "<TD><a href='delete.asp?ID=" & rs("ID") & "'>
删除</td>"

            Response.Write "</tr>"
            rs.MoveNext
        Next
        '下面输出表格的结束标记，表格到此结束
        Response.Write "</table>"


    '----------------------------------------------------------------------
        '下面首先输出当前页和总页数
        Response.Write "<p align='right'>当前显示第" & intPage & "页/共" &
rs.PageCount & "页"

        '下面一段依次输出第 1 页、上一页、下一页和最后页的超链接
        Response.Write "  <a href='index.asp?varPage=1&varField="
& strField & "'>第 1 页</a> "
        If intPage>1 Then
            Response.Write "<a href='index.asp?varPage=" & (intPage-1) &
"&varField=" & strField & "'>上一页</a> "
        Else
            Response.Write "上一页 "
        End If
        If intPage<rs.PageCount Then
            Response.Write "<a href='index.asp?varPage=" & (intPage+1) &
"&varField=" & strField & "'>下一页</a> "
```

```
Else
    Response.Write "下一页 "
End If
Response.Write "<a href='index.asp?varPage=" & rs.PageCount  &
"&varField=" & strField & "'>最后页</a> "

'-----------------------------------------------------------------------
End If
'现在关闭有关对象
rs.Close
Set rs=Nothing
conn.Close
Set conn=Nothing
%>
</body>
</HTML>
```

运行效果如图 9.1 所示。

图 9.1   首页 index.asp 界面

（4）显示详细信息页面—— particular.asp。点击人员名字将链接到此页面，显示其详细信息。其实现代码如下：

```
<% Option Explicit %>
<!--#Include file=" conn.asp"-->
<HTML>
<head>
    <title>人员详细信息</title>
```

```
<head>
</body>
    <h2 align="center">人员详细信息</h2>
    <table     width="80%"     border="1"     bordercolorlight="#B0B0B0"
bordercolordark="#FFFFFF" cellspacing="0" cellpadding="0" align="center">
        <%
        '以下建立一个 RecordSet 对象实例 rs，注意要用到传递过来的 ID 值
        Dim rs,strSql
        strSql="Select * From tbAddress Where ID=" & Request.QueryString
("ID")
        Set rs=conn.Execute(strSql)


        '以下显示查找的数据
        Response.Write "<TR><td width='30%' height='25'>姓名</td><TD>" &
rs("strName") & "</td></tr>"
        Response.Write "<TR><td width='30%' height='25'>性别</td><TD>" &
rs("strSex") & "</td></tr>"
        Response.Write "<TR><td width='30%' height='25'>年龄</td><TD>" &
rs("intAge") & "</td></tr>"
        Response.Write "<TR><td width='30%' height='25'>电话</td><TD>" &
rs("strTel") & "</td></tr>"
        Response.Write "<TR><td width='30%' height='25'>E-mail</td><TD>"
& rs("strEmail") & "</td></tr>"
        Response.Write "<TR><td width='30%' height='25'>简介</td><TD>" &
rs("strIntro") & "</td></tr>"
        Response.Write "<TR><td width='30%' height='25'>添加日期</td><TD>"
& rs("dtmSubmit") & "</td></tr>"


        '现在关闭有关对象
        rs.Close
        Set rs=Nothing
        conn.Close
        Set conn=Nothing
        %>
    </table>
    <p align="center"><a href="#" onClick="window.close()">关闭窗口</a>
</body>
</HTML>
```

（5）查找人员页面——search.asp。其实现代码如下：

```
    <% Option Explicit %>
<!--#Include file="conn.asp"-->
<HTML>
<head>
    <title>查找人员</title>
</head>
<body>
    <h2 align="center">查找人员</h2>
    <form name="frmSearch" method="POST" action="">
        请输入要查找的姓名：<input type="text" name="txtName">
        <input type="submit" name="btnSubmit" value=" 确 定 ">
    </form>
    <%
    '如果输入了姓名，就执行下面的查找过程
    If Request.Form("txtName")<>"" Then

    '以下建立一个 RecordSet 对象实例 rs。注意 Select 语句中要用到提交的姓名
        Dim rs,strSql
        strSql="Select  ID,strName,strTel,strEmail,dtmSubmit  From  tbAddress
Where strName Like '%" & Request.Form("txtName") & "%'"
        Set rs=conn.Execute(strSql)

    '以下利用表格显示查找到的记录
    '下面首先输出表格的标题栏
    Response.Write "<table width='100%' border='1' bordercolorlight='#B0B0B0'
bordercolordark='#FFFFFF' cellspacing='0' cellpadding='0' align='center'>"
        Response.Write "<tr bgcolor='#E0E0E0' height='25'>"
        Response.Write "<th width='10%'>编号</th>"
        Response.Write "<th width='10%'>姓名</th>"
        Response.Write "<th width='20%'>电话</th>"
        Response.Write "<th width='20%'>E-mail</th>"
        Response.Write "<th width='20%'>添加日期</th>"
        Response.Write "<th width='10%'>更新</th>"
        Response.Write "<th width='10%'>删除</th>"
        Response.Write "</tr>"

    '下面利用循环显示所有记录
    Do While Not rs.Eof                                    '只要不是结尾就执行循环
```

```
         Response.Write "<tr align='center' height='25'>"

         Response.Write "<TD>" & rs ("ID") & "</td>"
         Response.Write "<TD><a href='particular.asp?ID=" & rs ("ID")
& "' target='_blank'>" & rs ("strName") & "</td>"
         Response.Write "<TD>" & rs ("strTel") & "</td>"
         Response.Write "<TD><a href='mailto:" & rs ("strEmail") & "'>"
& rs ("strEmail") & "</td>"
         Response.Write "<TD>" & rs ("dtmSubmit") & "</td>"
         Response.Write "<TD><a href='update.asp?ID=" & rs ("ID") & "'>
更新</td>"
         Response.Write "<TD><a href='delete.asp?ID=" & rs ("ID") & "'>
删除</td>"
         Response.Write "</tr>"
         rs.MoveNext                              '将记录指针移动到下一条记录
      Loop
              '下面输出表格的结束标记，表格到此结束
      Response.Write "</table>"

   End If

   '现在关闭 Connection 对象
   conn.Close
   Set conn=Nothing
   %>
   <p align='center'><a href="index.asp">返回首页</a>
</body>
</HTML>
```

（6）删除人员页面——delete.asp。其实现代码如下：

```
<% Option Explicit %>
<!--#Include file="odbc_connection.asp"-->
<%
'以下删除记录，注意这里要用到由 index.asp 传过来的要删除的记录的 ID
Dim strSql
strSql="Delete From tbAddress Where ID=" & Request.QueryString ("ID")
conn.Execute (strSql)

'现在关闭 Connection 对象
conn.Close
```

```
Set conn=Nothing

'删除完毕后，返回首页
Response.Redirect "index.asp"
%>
```

（7）添加人员页面 insert.asp 和更新人员页面 update.asp 与上面的代码基本类似，限于篇幅就不一一给出源码了，大家可以参照上面的例子自行思考并添加完成。

9.2　留言板

随着 Internet 的发展，网站的作用越来越重要，被称为新兴数字媒体，因为网站拥有众多优势，所以现在不少企业都有或正在建设自己的网站。而留言板作为网站重要的一个部分，给大家提供了一个交流平台。留言板是一种最为简单的 BBS 应用，借助留言板，浏览者可以利用张贴留言的方式给站长、版主或其他浏览者进行留言和提问。

本节主要介绍留言板系统的设计思路和制作过程，进而阐述整个留言板系统的制作过程和具体的设计思路。该留言板较全面地利用 ASP 技术实现了留言板的基本功能：浏览、留言、回复、删除，并增加了一些特色功能，更注重安全和网站的融合。相信通过本节的介绍，大家能很快就能学会留言板的制作。

9.2.1　留言板的总体设计

基于简洁实用、美观大方的原则，我们需要对留言板进行合理设计，因此把本留言系统分为前台浏览和后台管理两大部分。前台提供给普通用户进行浏览和留言，后台提供给网站管理员，需要密码登录，可进行留言的回复和删除等功能。

按照这个设计原则，系统主要可分为以下部分：

（1）数据库文件——lyb.mdb。数据库文件里可设置两张表。一张表用于存放用户留言，其中包括用户名、qq、email、留言内容、提交日期、IP 等字段，如图 9.2 所示。

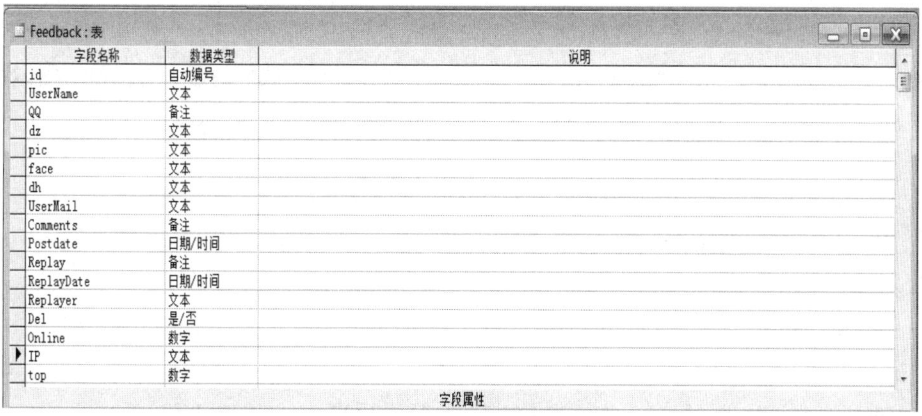
Feedback：表

字段名称	数据类型	说明
id	自动编号	
UserName	文本	
QQ	备注	
dz	文本	
pic	文本	
face	文本	
dh	文本	
UserMail	文本	
Comments	备注	
Postdate	日期/时间	
Replay	备注	
ReplayDate	日期/时间	
Replayer	文本	
Del	是/否	
Online	数字	
IP	文本	
top	数字	

字段属性

图 9.2　留言表设计图

另一张表用来存放管理员的用户名和密码，设计用户名、密码字段，另外可以添加自动编号 ID 字段。

（2）首页页面文件——index.asp，用于显示所有的留言以供浏览并提供添加留言链接。

（3）添加留言页面——add.asp，用于添加用户留言内容。

（4）登录后台页面——login.asp，用于管理员登录后台管理。

（5）删除、回复留言页面——bookadmin.asp，提供回复、删除留言等功能。

（6）公共文件：conn.asp、style.css、图片文件等，这些文件用于存放数据库连接语句、常用函数、CSS 样式、网站资源等。

9.2.2　留言板的实现

本留言系统页面文件较多，因此这里只介绍关键内容，大家可以结合注释仔细分析源码。

例 9.2：留言板系统实例。

（1）首页页面——index.asp，其实现代码如下：

```
<!--#include file="conn.asp" -->
<head>
<meta http-equiv="Content-Type" content="text/HTML; charset=gb2312" />
<title>ASP 留言本</title>
<link href="images/style.css" rel="stylesheet" type="text/css" />
<style type="text/css">
<!--
.STYLE1 {
    color: #FF0000;
    font-weight: bold;
}
-->
</style>
</head>
<body>
<table width="1003" border="0" align="center" cellpadding="0" cellspacing="0">
    <TR>    <td height="30" align="center">如果您对我们的服务有任何问题,欢迎您在
这儿留言→<a href="add.asp" class="STYLE1">我要留言</a></td> </tr>
    <TR>    <td align="center">
<%set rs=server.CreateObject ( "adodb.recordset" )
Sql="select * from Feedback where Online=1   order by top desc"
'response.Write ( sql )
'response.end
rs.open Sql,conn,1,1
'如果有留言时，就显示留言。此行的 if 与倒数第 6 行的 end if 相对应
```

```
if not（rs.eof and rs.bof）then

if pages=0 or pages="" then pages=4          '每页留言条数
rs.pageSize = pages                          '每页记录数
allPages = rs.pageCount                      '总页数
page = Request（"page"）                      '从浏览器取得当前页
'if 是基本的出错处理

If not isNumeric（page）then page=1

if isEmpty（page）or Cint（page）< 1 then
page = 1
elseif Cint（page）>= allPages then
page = allPages
end if
rs.AbsolutePage = page                       '转到某页头部
    Do While Not rs.eof and pages>0
    UserName=rs（"UserName"）                 '用户名
    pic=rs（"pic"）                           '头像
    face=rs（"face"）                         '表情
    Comments=rs（"Comments"）                 '内容
    bad1=split（bad,"/"）                     '过滤脏话
    for t=0 to ubound（bad1）
    Comments=replace（Comments,bad1（t）,"***"）
    next
    Replay=rs（"Replay"）                     '回复
    Usermail=rs（"Usermail"）                 '邮件
    dh=rs（"dh"）                             '主页
    I=I+1                                     '序号
    temp=RS.RecordCount-（page-1）*rs.pageSize-I+1
    %>
                <table  cellspacing="1"  cellpadding="3"  width="100%"
align="center" bgcolor="#cecece" border="0" style="word-break:break-all">
            <TR>
              <td valign="top" width="25%" bgcolor="#FFFFFF" rowspan="2"
align="center"><table border="0" width="90%">
            <TR>
              <td align="center"><img src="images/face/face<%=face%>.gif"
border="0" /></td>
```

```
                </tr>
                <TR>
                 <td align="center">昵称：<%=left（UserName,4）%><br />
                    来自：<%=left（rs（"ip"），（len（rs（"ip"））-4））
+"**"%><br /></td>
                </tr>
                <TR>
                    <td align="center"><a href="mailto:<%=Usermail%>"> 邮
件</a> <br /></td>
                </tr>
            </table></td>
            <td width="75%" height="20" align="left" bgcolor="#FFFFFF">
<%if rs（"top"）<>"1" then response.write "[NO."&temp&"]"%> 
                    <%=left（ UserName,4 ） %> 发 表 于：<%=cstr（ rs
（"Postdate"）)%></td>
            </tr>
            <TR>
                <td width='75%' height="80" align="left" valign="top"
bgcolor="#FFFFFF" >
        <% '是否屏蔽留言内容中的 HTML 字符

        if HTML=0 then
        response.write replace（server.HTMLencode（Comments），vbCRLF,"<BR>"）
        else
        response.write trim（replace（Comments,vbCRLF,"<BR>"））
        end if
        %>
                    <br />
                    <br />
                    <%if rs（"Replay"）<>"" then%>
                    <table cellspacing="1" cellpadding="3" width="98%"
align="center" bgcolor="#cecece" border="0">
                        <TR>
                         <td valign="top" bgcolor="#F0F0F0"><font color="red">
管理员回复：</font><br />
                            <%=Replay%> </td>
                    </tr>
                </table>
                <br />
```

```
                    <%end if%></td>
                </tr>
              </table>
            <table cellspacing="0" cellpadding="0" width="100%" align="center"
border="0">
                <TR>
                  <td height="47"></td>
                </tr>
            </table>
            <%
    pages = pages - 1
    rs.movenext
    if rs.eof then exit do
    loop

    response.write "<table border=0 width=100% align=center><TR><TD><form
action='' method='post'>总计留言"&RS.RecordCount&"条 "
    if page = 1 then
    response.write "<font color=darkgray>首页 前页</font>"
    else
    response.write "<a href=?page=1> 首 页 </a> <a href=?keywords="&keywords&"&page=
"&page-1&">前页</a>"
    end if
    if page = allpages then
    response.write "<font color=darkgray> 下页 末页</font>"
    else
    response.write " <a href=?keywords="&keywords&"&page="&page+1&">下页</a>
<a href=?keywords="&keywords&"&page="&allpages&">末页</a>"
    end if
    response.write " 第"&page&"页 共"&allpages&"页   转到第 "
    response.write "<select name='page'>"
    for i=1 to allpages
    response.write "<option value="&i&">"&i&"</option>"
    next
    response.write "</select> 页 <input type=submit name=go value='Go'><input
type=hidden name=keywords value='"&keywords&"'></form></td><td align=right>"
    response.write "</td></tr></table>"
```

```
    else
    response.write   "<table   cellSpacing=0   cellPadding=0   width=100%
align=center bgColor=#FFFFFF border=0><TR><TD height=120 align=center>"
    if keywords="" then response.write "暂时没有留言" else response.write "抱
歉，没有找到您要查看的内容<br><br><a href='javascript:history.go（-1）'>返回上一
页</a>" end if
    response.write "</TD></TR></TABLE>"
    end if
    %>                <input style="BORDER-RIGHT: 2px solid #000080; FONT-SIZE:
14px; BACKGROUND: #D3EDFF; WIDTH: 80px; BORDER-BOTTOM: 2px solid #000080;
HEIGHT: 22px;cursor:hand" type="button" value=" 进 入 管 理 " name="btn1"
onClick="javascript:window.location='admin/login.asp';"></td>
          </tr>
        </table>
  </body>
  </HTML>
```

（2）添加留言页面——add.asp，用于添加用户留言内容，其实现代码如下：

```
<!--#include file="conn.asp" -->
<head>
<meta http-equiv="Content-Type" content="text/HTML; charset=gb2312" />
<titleASP 留言本</title>
<link href="images/style.css" rel="stylesheet" type="text/css" />
</head>
<body bgcolor="#FFFFFF">
<%
if request（"send"）="ok" then
    username=trim（request.form（"username"））
    usermail=trim（request.form（"usermail"））
    dh=trim（request.form（"dh"））
    dz=trim（request.form（"dz"））
    if username="" or request.form（"Comments"）="" or request.form（"dh"）
="" or request.form（"dz"）="" then
    response.write "<script language='javascript'>"
    response.write "alert（'填写资料不完整，请检查后重新输入！'）;"
    response.write "location.href='javascript:history.go（-1）';"
    response.write "</script>"
    response.end
    end if
```

```
if checktxt ( request.form ( "username" ) ) <>request.form ( "username" )
then
      response.write "<script language='javascript'>"
      response.write "alert ( '您输入的用户名中含有非法字符, 请检查后重新输入! ' ) ; "
      response.write "location.href='javascript:history.go ( -1 ) ' ; "

      response.write "</script>"
      response.end
      end if



      set rs=server.CreateObject ( "adodb.recordset" )
      sql="select * from Feedback"
      rs.open sql,conn,1,3
            rs.Addnew
            rs ( "username" ) =Request ( "username" )
            rs ( "comments" ) =Request ( "comments" )
            rs ( "usermail" ) =Request ( "usermail" )
            rs ( "dz" ) =Request ( "dz" )
            rs ( "dh" ) =Request ( "dh" )
            rs ( "face" ) =Request ( "face" )
            rs ( "pic" ) =Request ( "pic" )
            rs ( "qq" ) =Request ( "qq" )
            view=cstr ( view )
            if view<>"0" then view="1"
            rs ( "online" ) =view

            ip=Request.serverVariables ( "REMOTE_ADDR" )
            if ip="::1" then ip="127.0.0.1"            'win7 或 vista 情况
            rs ( "IP" ) =ip

            rs.Update
      rs.close
      set rs=nothing
      response.write "<script language='javascript'>"
      response.write "alert ( '留言提交成功, 正在审核, 单击 "确定" 返回留言列表! ' ) ; "
      response.write "location.href='index.asp' ; "
      response.write "</script>"
      response.end
```

```
end if
%>
<%
function checktxt(txt)
chrtxt="33|34|35|36|37|38|39|40|41|42|43|44|47|58|59|60|61|62|63|91|92
|93|94|96|123|124|125|126|128"
chrtext=split(chrtxt,"|")
for c=0 to ubound(chrtext)
txt=replace(txt,chr(chrtext(c)),"")
next
checktxt=txt
end function
%>
<form action="add.asp" method="post" name="book" id="book">
  <table   width="99%"   border="0"   align="center"   cellpadding="5"
cellspacing="1"   bordercolorlight="#000000"   bordercolordark="#ffffff"
bgcolor="#cecece">
    <tr bgcolor="#ebebeb">
      <td height="30" colspan="2" align="right" bgcolor="#FFFFFF"><a
href="index.asp">返回留言板 </a></td>
    </tr>
    <tr bgcolor="#ebebeb">
      <td  width="20%" height="30" align="right" bgcolor="#FFFFFF">网页
昵称: </td>
      <td width="80%" height="30" align="left" bgcolor="#FFFFFF" ><input
name="UserName" type="text" class="wenbenkuang" size="30" maxlength="16" />
      <font color="#FF0000">*</font></td>
    </tr>
    <tr bgcolor="#ebebeb">
      <td  width="20%" height="30" align="right" bgcolor="#FFFFFF">您的
邮箱: </td>
      <td    height="30"    align="left"    bgcolor="#FFFFFF"    ><input
name="UserMail" type="text" class="wenbenkuang" size="30"  maxlength="50" />
      <%if mailyes=0 then%>
      <font color="#FF0000">*</font>
      <%end if%>
      </td>
    </tr>
    <tr bgcolor="#ebebeb">
```

```
        <td   width="20%" height="30" align="right" bgcolor="#FFFFFF">您的
电话: </td>
        <td height="30" align="left" bgcolor="#FFFFFF"><input name="dh"
type="text" class="wenbenkuang" id="dh" size="30" maxlength="100" />
          <font color="#FF0000">*</font></td>
      </tr>
      <tr bgcolor="#ebebeb">
        <td height="30" align="right" bgcolor="#FFFFFF">您的地址: </td>
        <td height="30" align="left" bgcolor="#FFFFFF"><input name="dz"
type="text" class="wenbenkuang" id="dz" size="60" maxlength="100" />
          <font color="#FF0000">*</font></td>
      </tr>
      <tr bgcolor="#ebebeb">
        <td   width="20%" height="30" align="right" bgcolor="#FFFFFF">其他
联系方式: </td>
        <td height="30" align="left" bgcolor="#FFFFFF"><input name="QQ"
type="text" class="wenbenkuang" value="" size="30" maxlength="100" />
          （如 QQ、MSN 等）</td>
      </tr>
      <tr bgcolor="#ebebeb">
        <td   width="20%" height="30" align="right" bgcolor="#FFFFFF">留言
内容: <br />
          <font color="red">（500 字以内）</font></td>
        <td    height="30"    align="left"    bgcolor="#FFFFFF"><textarea
name="Comments"       cols="50"       rows="5"       class="wenbenkuang1"
style="overflow:auto;"></textarea></td>
      </tr>
        <tr bgcolor="#ebebeb">
        <td height="30" colspan="2" align="center" bgcolor="#FFFFFF"><input
name="Submit22" type="submit" class="go-wenbenkuang" value="提交留言" />
          <input name="Submit22" type="reset" class="go-wenbenkuang" value="
重新填写" />
          <input type="hidden" name="send" value="ok" /></td>
      </tr>
    </table>
  </form>
  </body>
  </HTML>
```

（3）删除、回复留言页面——bookadmin.asp，提供删除、回复留言等功能，其实现代码如下：

```asp
<!--#include file="../conn.asp"-->
<!--#include file="session1.asp"-->
<%
'退出管理，返回留言首页
if request ("action")="loginout" then
session.abandon
Response.Redirect ("index.asp")
end if
session ("login")="ok"
%>
<HTML>
<HEAD>
<meta http-equiv="Content-Type" content="text/HTML; charset=gb2312">
<link rel="stylesheet" href="images/css.css" type="text/css">
</HEAD>

<%
if session ("login")<>"ok" then
%>
<%
else
action=request ("action")
'管理首页
if action="" then%>
<form name=book action=book_admin.asp?action=del method=post>
<table  width="100%"  border="0"  cellpadding="5"  cellspacing="1"
class="table">
    <TR>
    <td width=5% height=25 align=center class="bg_tr">选</td>
    <td width=10% align=center class="bg_tr">信息标题  </td>
    <td width=35% align=center  class="bg_tr">内容（编辑与回复）</td>
    <td width=10% align=center  class="bg_tr">日期</td>
    <td width=11% align=center  class="bg_tr">状态</td>
    </tr>
<%
dim sql
msg_per_page = 10  '每页显示记录数
```

```
Set rs=Server.CreateObject ( "ADODB.Recordset" )
sql="select * from Feedback where del=false order by top desc, PostDate
desc"

rs.cursorlocation = 3
rs.pagesize = msg_per_page '每页显示记录数
rs.open sql,conn,1,1

    if rs.eof and rs.bof then
    response.write "<TR><td colspan=6 align=center height=50>暂时没有留言
</td></tr>"
    end if

    if not ( rs.eof and rs.bof ) then '检测记录集是否为空
        totalrec = rs.RecordCount '总记录条数
        '计算总页数,recordcount:数据的总记录数
        if rs.recordcount mod msg_per_page = 0 then
        n = rs.recordcount\msg_per_page   'n:总页数
        else
        n = rs.recordcount\msg_per_page+1
        end if

        currentpage = request ( "page" ) 'currentpage:当前页
        If currentpage <> "" then
            currentpage = cint ( currentpage )
            if currentpage < 1 then
                currentpage = 1
            end if
            if err.number <> 0 then
                err.clear
                currentpage = 1
            end if
        else
            currentpage = 1
        End if
        if currentpage*msg_per_page > totalrec and not (( currentpage-1 )
*msg_per_page < totalrec ) then
            currentPage=1
        end if
```

```
        rs.absolutepage = currentpage    'absolutepage：设置指针指向某页开头
        rowcount = rs.pagesize           'pagesize：设置每一页的数据记录数
        dim i
        dim k


        Do while not rs.eof and rowcount>0
    content=rs("Comments")
    replay=rs("replay")
    UserName=rs("UserName")




    Response.write     "</td><td     class='td_bg'>"&UserName&"</td><td
class='td_bg'><a  href='book_admin.asp?action=replay&id="&rs("ID")&"'
title='"&server.HTMLencode(content)&"'>"
        response.write lleft(server.HTMLencode(content),100)
        response.write    "</a></td><td      align=center    class='td_bg'>"&rs
("Postdate")&"</td><td align=center class='td_bg'>"
    if Isnull(Replay) then
        response.write "<font color=red class='td_bg'>新留言</font>"
    else
        response.write "已回复"
    end if

    rowcount=rowcount-1
    rs.movenext
    loop
    end if


    rs.close
    conn.close
    set rs=nothing
    set conn=nothing
%>
<TR>
  <td colspan=6 bgcolor="#E2DDF0" class="td_bg">
  <input type='checkbox' name=chkall onclick='CheckAll(this.form)'>
  全选
    <input type="submit" name="action" value="删除" onClick="{if(confirm
('该操作不可恢复！\n\n 确定删除选定的留言？')){this.document.Prodlist.submit
```

```
( );return true;}return false;}">
        </td></tr>
    </table>
    </form>
    <%
    call listPages ( )
    end if

    if request ("action")="del" then
        delid=replace (request ("id"),"'","")
        call delfeedback ( )
    end if

    if request ("action")="replay" then
        id=request ("id")
        call detailfeedback ( )
    end if
    if request ("action")="setup" then
        call setup ( )
    end if
    end if
    %>
    </body>
    <%
    sub delfeedback ( )
        if delid="" or isnull (delid) then

        response.write "<script language='javascript'>"
        response.write "alert ('操作失败, 没有选择合适参数, 请单击"确定"返回! ');"
        response.write "location.href='book_admin.asp';"
        response.write "</script>"
        response.end

        else
            conn.execute ("delete from Feedback where ID in ("&delid&")")
            conn.close
            set conn=nothing

        response.write "<script language='javascript'>"
```

```
    response.write "alert('留言删除成功，请单击"确定"返回！');"
    response.write "location.href='book_admin.asp';"
    response.write "</script>"
    response.end

    end if
end sub


sub detailfeedback()
if id="" then
    response.write "<script language='javascript'>"
    response.write "alert('无此留言编号，请单击"确定"返回！');"
    response.write "location.href='book_admin.asp';"
    response.write "</script>"
    response.end
end if

    '修改留言资料
if request("send")="ok" then
    set rs=server.createobject("adodb.recordset")
    sql = " select * from feedback where del=false and ID="&id
    rs.open sql,conn,1,3

        if not(rs.eof and rs.bof)then
        rs("comments")=request.form("comments")
        rs("Replay")=replace(request.form("Replay"),vbCRLF,"<BR>")
        rs("ReplayDate")= Now()
        rs("Online")=request("Online")
        rs("top")=request("top")
        rs.update
        end if

    rs.close

    response.write "<script language='javascript'>"
    response.write "alert('留言已经修改或回复成功，请单击"确定"返回！');"
    response.write "location.href='book_admin.asp';"
    response.write "</script>"
    response.end
```

```
end if

   %>
   <table  width="700"  align="center"  cellpadding="5"  cellspacing="1"
class="table" >
   <form name="repl" method="post" action='book_admin.asp?action=replay&id=
<%=id%>'>
           <TR><TD  width=20%  height=25  align="right"  bgcolor="#CECEE1"
class="td_bg">留言者 IP</TD>
             <td height="25" bgcolor="#CECEE1" class="td_bg">  <%=rs("IP")%>
</td></tr>


           <TR><TD  width=20%  height="25"  align="right"  bgcolor="#CECEE1"
class="td_bg">留言日期</TD>
             <td height="25" bgcolor="#CECEE1" class="td_bg">  <%=rs("PostDate")%>
</td></tr>
           <TR>
             <TD  width=20%  height="25"  align="right"  bgcolor="#CECEE1"
class="td_bg">留言人</TD>
               <td height="25" bgcolor="#CECEE1" class="td_bg">  <%=rs("UserName")
%> </td></tr>
           <TR><TD  width=20%  height="25"  align="right"  bgcolor="#CECEE1"
class="td_bg">留言人邮箱</TD>
             <td height="25" bgcolor="#CECEE1" class="td_bg">  <%=rs("UserMail")
%>  </td></tr>
           <TR>
             <TD  width=20%  height="25"  align="right"  bgcolor="#CECEE1"
class="td_bg">电话 </TD>
             <td height="25" bgcolor="#CECEE1" class="td_bg">  <%=rs("dh")%>
 </td></tr>
           <TR>
             <TD height="25" align="right" bgcolor="#CECEE1" class="td_bg">
地址</TD>
             <td height="25" bgcolor="#CECEE1" class="td_bg"><%=rs("dz")%>
</td>
             </tr>
           <TR><TD  width=20%  height="25"  align="right"  bgcolor="#CECEE1"
class="td_bg">其他联系方式</TD>
```

```
            <td height="25" bgcolor="#CECEE1" class="td_bg">  <%=rs ("qq") %>
 </td></tr>
            <TR>
              <TD width=20% align="right" bgcolor="#CECEE1" class="td_bg">
留言内容</TD>
              <td bgcolor="#CECEE1" class="td_bg"><textarea style="overflow:auto"
name="comments" cols="60" rows="8"><%=Comments%></textarea></td></tr>
            <TR><TD width=20% align="right" valign=top bgcolor="#CECEE1"
class="td_bg">回复内容</TD>
              <td bgcolor="#CECEE1" class="td_bg"><textarea style="overflow:auto"
name="Replay" cols="60" rows="8"><%=replay%></textarea> </td>
            </tr>
              <TR><TD width=20% height="25" align="right" bgcolor="#CECEE1"
class="td_bg"> 
                <INPUT TYPE="hidden" name=send value=ok></TD><TD height="25"
bgcolor="#CECEE1" class="td_bg">
                  <input type="submit" name="action" value=" 提 交 "></TD></TR>
    </form></TABLE>
        <%
        end if
    rs.close
    set rs=nothing
end sub
'分页
sub listPages ()
if n <= 1 then exit sub
%>
共<%=totalrec%>条留言
<%if currentpage = 1 then%>
<font color=darkgray>首页 前页</font>
<%else%>
<a href="<%=request.ServerVariables ("script_name") %>?page=1">
首页</font></a> <a href="<%=request.ServerVariables ("script_name") %>
?page=<%=currentpage-1%>">前页</a>
    <%end if%>
    <%if currentpage = n then%>
<font color=darkgray >下页 末页</font>
<%else%>
<a href="<%=request.ServerVariables ("script_name") %>?page=<%=currentpage
```

```
+1%>">下页</a> <a href="<%=request.ServerVariables("script_name")%>?page=<%=n%>">
末页</a>
    <%end if%>
     第<%=currentpage%>页 共<%=n%>页
    <%end sub%>
```

小　结

本章列举了常见的 Web 应用案例，包括多用户通讯录、留言板系统，它们基本的功能均完备，请注意学习其中的要点和关键技术。大家如果要灵活地综合运用各种技术去完成一些 Web 应用软件，还需要学习更多的案例，只有多动手多练习才能熟练掌握相关技术。

习　题

一、理论题

1. 掌握规划 Web 应用程序结构的方法。
2. Web 应用程序通常包含哪些公共文件，它们的作用是什么？
3. 如何控制不同用户的访问权限。

二、实验题

1. 参照本章综合示例程序，设计一个 BBS 论坛系统，撰写软件文档，规划设计步骤，实现一个功能比较完备的 BBS 论坛。

参考文献

[1] 冯昊. ASP 动态网页设计与上机指导[M]. 北京：清华大学出版社，2002.

[2] 杨冀川. ASP 动态网站设计实战[M]. 北京：机械工业出版社，2000.

[3] 沈大林. Dreamweaver Flash Fireworks 三合一教程[M]. 北京：电子工业出版社，2001.

[4] Mike Morrison，Jonline Morrison. 数据库的 WEB 站点[M]. 北京：清华大学出版社，2002.

[5] 杨威. ASP 3.0 网络开发技术[M]. 北京：人民邮电出版社，2001.

[6] 余雷，周松建. ASP.NET 应用开发百例[M]. 北京：清华大学出版社，2003.

[7] 李劲. 精通 ASP 数据库设计[M]. 北京：科学出版社，2001.

[8] 黄斯伟，王玮. HTML4.0 使用详解[M]. 北京：人民邮电出版社，1999.

[9] 白鉴聪，王进. JavaScript 网页效果大师[M]. 北京：机械工业出版社，2001.

[10] 刘瑞新. ASP 动态网站开发毕业设计指导及实例[M]. 北京：机械工业出版社，2005.

[11] 王萍萍. ASP+Dreamweaver 动态网站开发[M]. 北京：清华大学出版社，2008.

[12] 李春葆，曾平，喻丹丹. ASP 动态网页设计：基于 Access 数据库[M]. 北京：清华大学出版社，2009.

[13] 张景峰. ASP 程序设计教程[M]. 北京：水利水电出版社，2007.

[14] 高传善，张世承. 计算机网络教程[M]. 上海：复旦大学出版社. 1997.

[15] 邓文渊，陈惠贞. ASP 与网络数据库技术[M]. 北京：中国铁道出版社，2003.

[16] 周之英. 现代软件工程[M]. 北京：科学出版社，1999.

[17] 覃剑锋，张钢. ASP 网站建设专家[M]. 北京：机械工业出版社，2001.

[18] 黄明. ASP 信息系统设计与开发实例[M]. 北京：机械工业出版社，2004.

[19] 佳图文化. ASP 动态网站开发案例教程[M]. 北京：兵器工业出版社，2012.

[20] 尚俊杰，蔡翠平. 网络程序设计：ASP[M]. 北京：清华大学出版社，2009.

[21] 侯云峰. Client/Serve 应用开发指南[M]. 北京：电子工业出版社，2000.

[22] 唐四薪，谭晓兰，唐琼. ASP 动态网页设计与 Ajax 技术[M]. 北京：清华大学出版社，2012.

[23] 李蔷. 动态网页开发：ASP+Access（实例篇）[M]. 北京：高等教育出版社，2011.

[24] 李军，黄宪通，李慧. ASP 动态网页制作教程[M]. 2 版. 北京：人民邮电出版社，2012.

[25] 孔鹏. ASP+SQL Server 动态网站开发完全自学手册[M]. 北京：机械工业出版社，2007.